CB142685

50
formas inteligentes de
preservar o planeta

COMO VIAJAR SEM PREJUDICAR O MEIO AMBIENTE

SIÂN BERRY

A AUTORA

Siân Berry foi candidata à prefeitura de Londres em 2008, pelo Partido Verde, e é uma das fundadoras do movimento Aliança Contra os Jipões Urbanos.

Ocupou um dos dois cargos centrais do Partido Verde até setembro de 2007 e, antes disso, foi coordenadora de campanhas nacionais do partido. Concorreu nas eleições gerais de 2005 pelo distrito de Hampstead and Highgate e fez campanha em sua região por moradia mais acessível e, no plano nacional, para promover a energia renovável e o comércio local.

Após ganhar fama graças às multas de estacionamento fictícias que Siân criou em 2003, a Aliança Contra os Jipões Urbanos é hoje um movimento nacional no Reino Unido. Recentemente, comemorou o fato de ter convencido o prefeito de Londres a propor uma taxa de pedágio urbano mais alta para veículos 4x4, assim como para outros que bebem muita gasolina.

Siân estudou engenharia e trabalhou com comunicação. Essas habilitações lhe propiciaram uma abordagem direta e acessível ao promover questões ambientais, focando no que as pessoas podem fazer para conseguir resultados efetivos e no que os governos devem fazer para tornar acessível a todos a opção por uma vida mais sustentável.

Como porta-voz da Aliança e conhecida figura do Partido Verde, Siân recebeu ampla cobertura de jornais nacionais e internacionais e apareceu em diversos programas de rádio e televisão: do *Today*, da Rádio 4 da BBC, ao *Richard and Judy*. Sua argumentação calma, bem-humorada e persuasiva estimulou um animado debate público sobre os 4x4 e ajudou a colocar mais em evidência a questão ambiental nas políticas públicas.

50
formas inteligentes de preservar o planeta

COMO VIAJAR SEM PREJUDICAR O MEIO AMBIENTE

SIÂN BERRY

Revisão técnica
MARCELO LEITE

PUBLIFOLHA

Título do original: *50 Ways to Greener Travel*
Copyright do texto © 2008 Siân Berry
Copyright das ilustrações © 2008 Aaron Blecha
Copyright do projeto gráfico © 2008 Kyle Cathie Limited
Copyright © 2009 Publifolha – Divisão de Publicações da Empresa Folha da Manhã S.A.

Esta obra foi publicada originalmente no Reino Unido, em 2008, pela Kyle Cathie Ltd, 122 Arlington Road, Londres NW1 7HP, www.kylecathie.com

Todos os direitos reservados. Nenhuma parte desta obra pode ser reproduzida, arquivada ou transmitida de nenhuma forma ou por nenhum meio, sem a permissão expressa e por escrito da Publifolha – Divisão de Publicações da Empresa Folha da Manhã S.A.

Proibida a comercialização fora do território brasileiro

Coordenação do projeto: Publifolha
Coordenação editorial: Camila Saraiva
Assistência editorial: Adriane Piscitelli e Thiago Blumenthal
Coordenação de produção gráfica: Soraia Pauli Scarpa
Assistência de produção gráfica: Mariana Metidieri

Produção editorial: Estúdio Sabiá
Tradução: Adriana Marcolini
Preparação de texto: Bruno SR
Revisão: Sílvia Carvalho de Almeida e Hebe Ester
Pesquisa de sites brasileiros: Paula Leite
Editoração eletrônica: Carla Castilho | Estúdio

Edição original:
Direção editorial: Muna Reyal
Ilustração e diagramação: Aaron Blecha
Direção da produção: Sha Huxtable

Dados Internacionais de Catalogação na Publicação (CIP)
(Câmara Brasileira do Livro, SP, Brasil)

Berry, Siân
50 formas inteligentes de preservar o planeta : como viajar sem prejudicar o meio ambiente / Siân Berry ; revisão técnica Marcelo Leite ; [tradução Adriana Marcolini]. – São Paulo : Publifolha, 2009. – (50 formas inteligentes de preservar o planeta)

Título original: 50 ways to greener travel.
ISBN 978-85-7402-973-3

1. Ecologia 2. Meio ambiente 3. Proteção ambiental 4. Recursos naturais - Conservação I. Leite, Marcelo. II. Título. III. Série.

08-09247 CDD-304.2

Índices para catálogo sistemático:
1. Consciência ambiental : Ecologia humana 304.2
2. Meio ambiente : Cuidados : Ecologia humana 304.2

PUBLIFOLHA
Divisão de Publicação do Grupo Folha
Al. Barão de Limeira, 401, 6º andar
CEP 01202-900, São Paulo, SP
Tel.: (11) 3224.2186/ 2187/ 2197
www.publifolha.com.br

Impresso na gráfica Amadeus, Itália.

**O HOMEM CIVILIZADO
CONSTRUIU O CARRO,
MAS PERDEU
O USO DOS PÉS.**

Ralph Waldo Emerson

50 FORMAS INTELIGENTES DE...

Esta série de livros apresenta maneiras simples de tornar sua vida ecologicamente correta em casa, no jardim, em lojas, no trabalho e na rua, não importa a situação. Cada livro traz 50 dicas práticas e criativas para ajudar a viver com o menor impacto sobre o planeta. A autora procurou incluir técnicas e dicas de várias partes do mundo, empregadas em países diferentes. Por esse motivo, algumas delas podem não ser aplicáveis em algumas regiões, em razão do clima ou da tecnologia; nem por isso deixam de ser extremamente úteis.

Há muitas maneiras de ser ecologicamente correto que não demandam grande investimento de dinheiro, tempo, esforço ou espaço. Além disso, ao economizar energia, gastamos menos com contas como água e luz, e os produtos ambientalmente corretos não precisam ser caros nem de alta tecnologia.

Um jardim de qualquer tamanho pode ser um paraíso natural e produzir vegetais úteis e fáceis de cultivar, o que ajudará você a comprar menos frutas e legumes que viajam longas distâncias. Quem vive nas grandes cidades deve saber como a vida urbana é capaz de oferecer um dos estilos de vida que menos emitem carbono.

Esta série foi escrita por Siân Berry, fundadora do grupo ativista Aliança Contra os Jipões Urbanos. Por meio de suas experiências pessoais, ela mostra como é possível reduzir emissões de carbono, estar à frente da moda e aproveitar a vida sem sacrifícios.

Siân diz: "Ser ecologicamente correto não é desistir de tudo; é usar os produtos de maneira inteligente e criativa para evitar o desperdício. Nestes livros, pretendo mostrar que todos podem desfrutar uma vida mais harmoniosa com o ambiente, sem exageros".

INTRODUÇÃO

As opções de viagem que fazemos têm grande impacto em nossa contribuição para a mudança climática. Cerca de um quarto de nossa emissão de carbono provém dos deslocamentos pessoais e, ao contrário de outras atividades, as emissões provenientes dos transportes estão aumentando, e não diminuindo. Precisamos reverter essa tendência rapidamente, se não quisermos anular todos os outros esforços para salvar o planeta.

Todo meio de transporte que utiliza energia emite dióxido de carbono na atmosfera, mas o volume varia muito – de apenas 9 gramas por quilômetro, em um ônibus de longa distância, para mais de 500 gramas por quilômetro, em viagens aéreas de rotas curtas. Naturalmente, há muitas formas e meios de transporte que são virtualmente livres de carbono e utilizam a energia humana, como as caminhadas e a bicicleta.

Este livro tem como meta pôr as nossas opções de viagem em perspectiva. Usando mais discernimento em relação a quando e para onde nos deslocamos, já podemos fazer muito para reduzir nossa pegada (ou emissão) de carbono. Compartilhando caronas e trajetos, podemos conseguir outro tanto e diminuir o número de percursos que faremos.

Para os trajetos do dia-a-dia, mesmo os mais curtos, a maioria de nós ainda conta com o carro. Assim sendo, muitas recomendações deste livro dizem respeito a alternativas ao carro para os deslocamentos que fazemos regularmente: ir à escola, ao trabalho ou às compras.

Reduzir o volume de tráfego em nossas ruas não é uma atitude positiva só por causa do dióxido de carbono. Cidades médias e grandes com menos carros circulando nas ruas também desfrutam um ar de melhor qualidade, ruas mais seguras, em que as crianças podem brincar, e uma economia local melhor, com lojas e negócios prósperos.

No caso das viagens e férias mais longas, o crescimento do tráfego aéreo é a principal ameaça à redução das nossas emissões de carbono, de forma que aqui você também poderá ver como é gostoso passar as férias perto de casa e explorar o mundo de um jeito mais agradável e sustentável.

Espero que este livro inspire você a utilizar uma gama mais ampla de opções de transporte e lhe dê muitas idéias de atitudes mais ecológicas que podem ser adotadas.

Nota da edição brasileira: Este volume inclui informações e dados relativos ao Brasil, fornecidos pelo jornalista Marcelo Leite, Ph.D.

DE VOLTA À FELICIDADE

Estamos andando cada vez menos e, enquanto isso, a cada ano que passa ganhamos mais peso.

Há muita polêmica em torno da epidemia da obesidade, e tendemos a atribuir isso ao fato de que comemos mais. No entanto, várias pesquisas revelaram que o número médio de calorias consumidas baixou desde os anos 1970, de forma que um fator mais importante que esse é a redução dos exercícios diários, devido ao nosso hábito de entrar no carro até para percursos muito curtos.

Um quarto de todas as nossas viagens de carro cobre distâncias que poderiam ser percorridas a pé. Normalmente, as pessoas que dirigem caminham uma hora a menos por semana que as pessoas sem carro – o que equivale a, em média, um total anual de 200 quilômetros a menos. Todas essas calorias que não são queimadas realmente entram na balança; ao longo de dez anos, esse "déficit de caminhada" pode levar a um ganho de peso de 13 quilos!

Nossa cultura do automóvel diminui as possibilidades de caminhar. Os edifícios residenciais e centros comerciais muitas vezes são planejados levando em consideração o carro, aumentando as distâncias que precisamos percorrer e fazendo diminuir o hábito de caminhar ainda mais.

Podemos aprender muito com nossos pais e avós. Na juventude, eles eram muito mais ativos que nós somos hoje. A energia média utilizada em um dia diminuiu em cerca de 800 calorias desde os anos 1940, graças à menor quantidade de trabalhos manuais, ao aumento do número de carros e à necessidade de vencer distâncias mais longas, levando as pessoas a contar mais com as quatro rodas do que com suas duas pernas.

Caminhar mais pode ajudar a solucionar muitos problemas, e incorporar o hábito de andar mais em nossas rotinas diárias pode ser muito simples. Siga estas dicas para melhorar sua saúde e reduzir o volume de carbono que você emite.

1 ANDE PARA FICAR EM FORMA

Devemos fazer atividades físicas para ficar em boa forma e saudáveis, mas a maioria de nós não chega a se movimentar o suficiente. Cerca de 10 mil passos por dia são considerados uma distância diária saudável a percorrer. No entanto, as pessoas que trabalham sentadas e vão para o escritório de carro só andam 3 mil passos, em média.

É muito fácil incorporar algumas caminhadas na rotina diária, seja indo às compras a pé, seja utilizando o transporte público em lugar do carro em um percurso mais longo ou numa saída à noite. Até as pessoas que fazem trabalhos nos quais se requer pouca atividade física chegam a computar 7 mil passos se utilizarem o metrô ou o ônibus, graças àquela caminhada para a estação ou o ponto.

Tive certeza disso na época em que pegava emprestado o carro do meu pai para ir ao trabalho. Sem comer nada mais que o normal, ganhei peso e entrei num regime severo nada divertido – tudo isso porque tinha parado de andar 800 metros até o ponto de ônibus. Atualmente, sempre caminho e uso o transporte público ou minha bicicleta para ir ao trabalho, e posso saborear um pudim de vez em quando, sem me preocupar em não caber mais nas minhas roupas.

Andar é ótimo para manter um peso saudável, se você não quer se preocupar com o que come. Pesquisas nos Estados Unidos revelaram que cada quilômetro extra percorrido a pé diariamente reduz em quase 5% a possibilidade de ficar obeso, enquanto cada hora extra passada no carro aumenta esse risco em 6%.

2 ANDE PARA PENSAR

Não me surpreendi ao descobrir que andar é uma cura comprovada para o estresse – os movimentos rítmicos e o compasso suave do mundo que passa à nossa volta ajudam a melhorar o bem-estar mental das pessoas que fazem longas caminhadas regularmente.

As caminhadas também podem trazer inspiração. Grandes escritores, como Charles Dickens e William Wordsworth, se inspiravam quando faziam caminhadas. Durante toda a vida, desde a época em que ia para o trabalho numa fábrica, na juventude, até se tornar o mais famoso escritor britânico, Dickens percorria quilômetros a pé pelas ruas de Londres, observando a vida da cidade e pescando idéias para personagens e situações de suas histórias.

Wordsworth passou grande parte da vida no Distrito dos Lagos, região rural do noroeste da Inglaterra, onde andava todos os dias pelas colinas, obtendo inspiração para o trabalho e compondo poemas antes de colocá-los no papel quando voltava para casa.

Mesmo que você não esteja planejando criar grandes obras literárias, andar é uma forma incrível de pôr para fora o estresse acumulado em um dia de trabalho. As pessoas que vão para o escritório a pé ou dão uma volta na hora do almoço afirmam que depois se sentem mais despertas e pensam com mais clareza.

VÁ ÀS COMPRAS A PÉ 3

A distância média que uma pessoa precisa percorrer para ir às compras aumentou, nos últimos 20 anos, de 482 para quase 724 quilômetros anuais. Ao mesmo tempo, cada vez menos percorremos essas distâncias a pé, porque as lojas pequenas da vizinhança estão fechando e a distância até os pontos comerciais está aumentando.

Ir às compras a pé é um jeito ótimo de fazer mais caminhadas na vida cotidiana. Sabemos que fazer compras nas lojas perto de casa pode ajudar a diminuir os percursos feitos de carro e que aqueles passos até o comércio das redondezas vão contribuir para a boa forma, sobretudo se você estiver carregando sacolas.

Para as compras que são realizadas mais longe, por que não aproveitar a oportunidade de desfrutar uma caminhada até a cidade e depois voltar de ônibus ou de táxi para casa? Sempre faço isso em Londres: vou para a rua principal do bairro mais próximo e, quando tenho sacolas pesadas, volto para casa de ônibus ou metrô.

4 VÁ PARA O TRABALHO A PÉ

O segredo de transformar a caminhada em um hábito regular é incorporá-la nas coisas que você faz normalmente, em vez de encará-la como algo "extra", de que você vai desistir após algumas vezes. O percurso diário que você faz para o trabalho é o ideal para que o seu dia seja ativo e incorpore o hábito de andar.

Assim como vem acontecendo com a maior parte dos trajetos que fazemos todos os dias, cada vez menos vamos para o trabalho a pé. A proporção das pessoas que vão trabalhar a pé caiu pela metade nos últimos 30 anos. Infelizmente, o custo da moradia e as longas distâncias entre as zonas residenciais

e os escritórios levam muitos de nós a morar longe demais do trabalho, a ponto de impossibilitar que todo o trajeto seja percorrido a pé.

No entanto, os benefícios de uma caminhada estimulante de manhã cedo se refletem na sua cabeça, que pensa melhor, no seu sangue, que flui com mais facilidade, e na sua disposição para enfrentar o dia. Os benefícios são tão grandes que vale a pena incluir alguma caminhada no percurso até o trabalho.

Entre os muitos itinerários que podem ser realizados com transporte público está, em algumas cidades grandes, tomar um trem para uma estação principal e, em seguida, um ônibus local até o escritório. Se o seu percurso for desse tipo, por que não tentar andar em vez de tomar o ônibus no último trecho da viagem? Se conseguir isso, você certamente chegará ao trabalho sentindo-se mais saudável e feliz.

Você também pode tentar tomar um ônibus que antes havia evitado só porque ele não o deixava exatamente na porta do seu escritório. Se gosta de caminhar o último trecho, então outros trajetos também podem ser propícios – e ser flexível também lhe dá mais opções para aquelas manhãs em que o transporte público apresenta problemas.

5 VÁ PELA ESCADA

Se, por um lado, qualquer passo que dermos durante o dia contribui para cumprir nosso saudável objetivo de 10 mil passos, subir escadas tem um benefício duplo, pelo fato de ser um exercício de verdade.

Os médicos descobriram que, para fazer bem ao coração, devíamos praticar 30 minutos de exercícios moderados cinco vezes por semana. Isso significa fazer atividades suficientemente vigorosas a ponto de aumentar o nosso ritmo de respiração e o ritmo cardíaco. Subir alguns degraus de escada várias vezes por dia é uma atividade que certamente se inclui nessa categoria. Quando você perceber que está ficando mais fácil, saberá que isso está lhe fazendo bem.

Outras tarefas cotidianas incluem exercícios moderados, de forma que, para manter-se saudável, você nunca vai precisar entrar para uma academia de ginástica. Ofereça-se para passar o aspirador de pó ou cortar a grama e ponha em dia as tarefas domésticas do tipo faça-você-mesmo, como pequenos consertos e jardinagem. Todas aumentam o ritmo cardíaco o suficiente para trazer verdadeiros benefícios para a saúde. Depois dessas atividades, a possibilidade de desperdiçar todo o esforço dando-se um doce de presente é menor do que se você tivesse ido até a academia de ginástica.

ANDE COM PRAZER 6

Uma vez que você esteja suficientemente saudável e em forma a ponto de subir alguns lances de escada sem precisar de meia hora para recuperar o fôlego, andar mais e percorrer distâncias maiores são das melhores atividades de lazer que existem.

Milhões de pessoas fazem caminhadas por lazer, em todo o mundo. O costume de andar por prazer está em segundo lugar entre as atividades mais apreciadas durante as horas vagas, depois de jantar fora e de comer em casa com a família e os amigos.

Gostamos de andar por prazer porque adoramos sentir o vento no rosto e a satisfação de chegar ao topo de um morro e sentar-nos para desfrutar a merecida vista. Moro perto de uma colina com uma vista fantástica de Londres. Nos fins de semana, muitas pessoas sobem para curtir um pouco de ar fresco. No Natal, o caminho que leva até lá a pé fica mais cheio que a rua, porque todo mundo quer andar para fazer a digestão da ceia.

Se você deseja fazer caminhadas e não sabe por onde começar, os guias turísticos e as edições locais das revistas semanais apresentam periodicamente roteiros específicos. Em algumas cidades, os serviços de informações turísticas têm guias para visitantes com percursos até as atrações e locais. Serviços online como o GuiaMais calculam rotas em dezenas de cidades não só para quem está de carro, mas também a pé e combinando caminhada com metrô.

A LIBERDADE SOBRE DUAS RODAS

Pedalar é, de longe, a maneira mais eficiente de se movimentar no que se refere à energia despendida pelo organismo. Está bem à frente da caminhada, a forma que utiliza a menor energia por quilômetro: pedalar aproveita a energia humana ecológica de maneira muito eficiente, gastando até cinco vezes menos calorias do que se fôssemos andar no mesmo percurso.

De carro, o equivalente a 100 calorias de energia vai transportar você por menos de 100 metros da rua, mas, numa bicicleta, a mesma quantidade de energia vai movê-lo por cerca de 5 quilômetros. Com seus pedais, marchas e rodas simples, a bicicleta é tão inteligente que, numa pesquisa realizada há poucos anos, foi votada como a melhor invenção de todos os tempos, ganhando facilmente do computador e do motor elétrico.

As cidades que incentivam o ciclismo constatam os benefícios para seus cidadãos. Em Copenhague, um terço das pessoas vai para o trabalho de bicicleta, pois é mais rápido e fácil que o transporte público ou o carro. A cidade tem excelentes ciclovias, muitos locais para estacionar e até algumas bicicletas disponíveis mediante um pequeno depósito.

Tudo isso soa como o paraíso do ciclismo, mas, mesmo que a sua cidade não dê tanta importância para a bicicleta quanto Copenhague, transitar sobre duas rodas tem muitos pontos positivos: melhora a saúde e a boa forma e, ao mesmo tempo, faz você economizar tempo e dinheiro.

Você não precisa se tornar um ciclista ou entrar para um clube, e usar a bicicleta para ir trabalhar pode não ser adequado para você (até que a sua empresa ofereça estacionamento e chuveiros). Mesmo assim, há muitos dias em que a bicicleta é de longe a melhor maneira de se locomover, e todos os percursos pedalados ajudam tanto o clima quanto a sua boa forma.

7 PEDALE PARA POUPAR TEMPO

Com o trânsito em Londres, Paris, São Paulo e outras cidades se arrastando na velocidade média de uma carroça puxada por cavalo, as bicicletas são realmente a maneira mais rápida de se locomover. Quando você usa a bicicleta, passa 90% do tempo se exercitando e, como também se trata de um meio de transporte que o leva facilmente de um lugar a outro, todas as pesquisas revelam ser a bicicleta a maneira mais rápida de fazer um percurso urbano curto.

Os números mostram que qualquer trajeto de menos de 3 quilômetros é percorrido melhor de bicicleta e, para as distâncias de até 8 quilômetros, ela ainda pode ganhar do carro nas horas de pico.

Uma das vantagens de pedalar para ir ao trabalho é a possibilidade de prever o tempo gasto no percurso. Ao contrário dos carros e ônibus, que estão à mercê dos engarrafamentos e outros atrasos, as viagens de bicicleta levam quase o mesmo tempo, todos os dias. Isso significa que, na sua bicicleta, você não precisa reservar um tempo extra para o caso de haver problemas e pode ficar muito mais seguro de que vai chegar ao seu destino no horário.

8 PEDALE PELA SAÚDE

Pedalar consome entre 300 e 1.000 calorias por hora, dependendo da sua velocidade e do número de subidas. É, portanto, um jeito ótimo para perder peso e ficar saudável.

Seus benefícios para a saúde foram bem estudados. A longa lista de doenças que o hábito de pedalar regularmente ajuda a evitar me surpreendeu quando fiz minha pesquisa. Ao todo, os ciclistas correm cerca de um terço a menos de risco de morte em comparação com os que não são adeptos do esporte. Além disso, têm níveis de obesidade muito menores e o preparo físico de alguém com cinco a dez anos a menos!

O hábito de pedalar regularmente diminui o risco de:

- doença cardíaca
- vários tipos de câncer
- diabetes
- níveis indesejáveis de colesterol
- problemas de insônia

E ajuda a promover:

- perda de peso
- boa forma e força física
- tolerância ao estresse

Assim, a bicicleta é um dos melhores "remédios" que temos à disposição, com poucos efeitos colaterais. Com tudo isso para ganhar, não há mais motivos para não tirar aquela bicicleta da garagem!

PEDALE COM SEGURANÇA 9

Algumas pessoas se preocupam com a segurança numa bicicleta. Na verdade, pedalar é tão seguro como andar ou quanto estar dentro de um carro no caso de trajetos curtos. Ao todo, em termos de expectativa de vida, os benefícios de pedalar são mais de 20 vezes maiores que qualquer risco.

Também há mais segurança quanto maior for o número de bicicletas, ou seja, cada nova bicicleta na rua ajuda a aumentar as condições da segurança. Com mais bicicletas em circulação, você poderia esperar mais acidentes, mas, na verdade, quanto mais ciclistas houver, mais os motoristas de automóveis vão notá-los e prestar atenção, portanto aumenta a segurança. O crescimento de 83% na circulação de bicicletas nas ruas de Londres desde 2000 foi acompanhado da redução de 28% no número de ciclistas mortos e feridos.

A maneira mais adequada de melhorar a sua segurança (considerando que você já usa capacete) é pedalar com confiança. Um treinamento de algumas horas é uma boa idéia, se você sentir que precisa disso.

10 PEDALE COM CONFIANÇA

Siga estas dicas simples e, num piscar de olhos, você será um ciclista seguro, feliz e confiante.

Posicione-se corretamente

Pedale pelo menos a 1 metro do meio-fio e dos carros estacionados. Manter-se no seu próprio espaço significa que os veículos que passam também vão lhe dar mais espaço e você vai estar muito mais seguro do que se ficar espremido numa extremidade da rua – onde há também mais possibilidades de bater e passar por buracos, o que poderia estragar seus pneus.

Fique visível

Use cores claras e, especialmente à noite, faixas refletoras ou uma roupa que possa ser vista de longe. Certifique-se de usar faróis à noite e decore a bicicleta com faixas refletoras, incluindo as laterais. A maioria dos acidentes acontece porque os motoristas não perceberam que uma bicicleta estava se aproximando, portanto não dê justificativa para que não o vejam.

Mantenha olhos e ouvidos em alerta

A melhor defesa é perceber o perigo rapidamente, portanto fique alerta enquanto pedala e evite escutar música com fones de ouvido.

Espere o inesperado

Os perigos podem não perseguir você, mas, antecipando-se aos problemas, conseguirá ganhar tempo para reagir e se livrar dos contratempos.

Entre os principais obstáculos que surgem estão portas de carros abertas de repente, pedestres no meio da rua, motoristas que não avisam quando vão virar e carros que saem da garagem. Este último fator ocorre com muita freqüência, uma vez que muitas vezes os motoristas não notam os ciclistas e podem seguir adiante sem avisar.

Tome cuidado extra nos cruzamentos

A maior parte dos acidentes com ciclistas acontece nos cruzamentos. Os caminhões que cruzam uma ciclovia ao fazer uma conversão são o principal perigo, portanto nunca fique preso, num farol, entre um veículo grande e o meio-fio. Fique à frente da fila de veículos e espere na parte central da faixa para seguir adiante.

Se você estiver ultrapassando uma fileira de carros parados que estão esperando o sinal abrir, tenha certeza de que terá tempo para chegar até a frente antes que o sinal mude. Caso contrário, espere atrás de qualquer veículo e deixe-o ir primeiro.

Mantenha a calma e seja educado

Se os motoristas não o respeitarem, pode ser que você tenha vontade de não respeitar as regras. Resista à tentação e seja sempre um bom exemplo de ciclista calmo e amigável. Capte o olhar de um motorista em um cruzamento, indique claramente a direção para a qual você vai, e ele vai respeitar o seu direito de estar na rua. Se alguém for grosseiro, simplesmente sorria. Lembre-se: provavelmente você vai chegar ao seu destino antes dele!

BONS PERCURSOS

Se você não está pronto para ser um ciclista em tempo integral, daqueles que usam a bicicleta para tudo, então comece a substituir alguns de seus percursos por um passeio sobre duas rodas. Esses trajetos são ideais para ciclistas que ainda não usam a bicicleta para tudo.

Para a academia

Uma bicicleta é tão boa quanto uma academia para manter você em forma, mas muitas pessoas ainda vão fazer ginástica de carro e depois começam a pedalar na bicicleta da academia. Pare com essa loucura e vá sobre duas rodas. Você poderá reduzir o tempo que passa se exercitando e, em lugar disso, ficar mais na piscina ou na sauna.

Às compras

Pegue uma sacola ou uma cesta e pedale para ir às lojas da vizinhança, juntando a boa forma com a oportunidade de ajudar a salvar o planeta, diminuindo o lixo e apoiando sua comunidade local. Quantas outras atividades trazem tantos benefícios de uma só vez?

Para o metrô

Qualquer percurso de menos de 3 quilômetros é ideal para fazer de bicicleta. Se você vai de carro porque a estação do metrô fica longe demais, levar a bicicleta no trem pode ser uma combinação perfeita.

No Brasil ainda são raros os trens e metrôs que transportam bicicletas (como os de São Paulo), mas as bicicletas que mais se prestam para ser usadas com o transporte público são modelos compactos que podem ser dobrados. Tenho uma dessas, e ela é realmente flexível. Às vezes carrego-a no ônibus, quando está chovendo. Fica tão pequena quando está dobrada que não preciso guardá-la com cadeado em frente às casas das pessoas; posso carregá-la comigo para dentro. Já a levei a bares e restaurantes e deixei-a debaixo da mesa sem provocar nenhuma cara feia.

DIMINUA O USO DO CARRO

Os percursos feitos de carro são incrivelmente fáceis de reduzir quando as pessoas são realmente incentivadas a isso. Obras na pista às vezes levam ao fechamento de ruas ou pontes por períodos longos e, nessas circunstâncias, o que quase sempre acontece é que, em vez de todos aqueles carros se aventurarem por outros trajetos, muitos percursos simplesmente "evaporam" e são totalmente cancelados.

Quando Londres lançou um pedágio para os veículos que entram no centro da cidade, os jornais previram que milhares de carros iriam se dirigir para as ruas em volta da área e causar grandes problemas. No entanto, ao invés do caos no trânsito, o que ocorreu foi a diminuição do tráfego na área do pedágio, e o número de carros nas ruas em volta permaneceu o mesmo. As pessoas ficaram imaginando para onde tinham ido os carros!

Quando as pessoas sabem que as ruas não estão disponíveis ou que vão precisar pagar para poder usá-las, quase inconscientemente passam a tomar decisões diferentes em relação a como, quando e se devem usá-las. Podem juntar vários percursos num só, compartilhar uma carona com alguém, sair num horário de menos movimento ou simplesmente decidir não ir a algum lugar que, para ser atingido, demande ficar parado no trânsito.

Pode não ser uma grande tragédia fechar algumas ruas da cidade para o trânsito, mas a mudança climática é uma tragédia em potencial para nos convencer de que vale a pena evitar certos trajetos quando possível. Da mesma forma que uma via fica interditada por muito tempo em razão de obras, podemos provocar uma verdadeira diferença usando uma série de métodos para reduzir o número de percursos que fazemos de automóvel.

12 FAÇA UMA ÚNICA VIAGEM

Há dias em que você se sente como se fosse um motorista de táxi que dirige para si próprio? Você volta do centro da cidade para casa e imediatamente precisa sair de novo para levar as crianças ao treino de futebol ou buscar alguma coisa na casa da sua avó. Quando está preparando a comida ou arrumando o quarto, acaba tendo que voltar várias vezes às lojas para comprar produtos de que não tinha percebido que precisaria na última ida!

Todas essas viagens de carro que parecem nunca ter fim não são apenas um desperdício de emissões de carbono, mas também uma perda de tempo, especialmente quando muitas delas poderiam ser realizadas de uma só vez.

A saída é simplesmente planejar com antecedência. Pergunte às crianças o que elas querem fazer no fim de semana e depois planeje suas outras viagens em função do que elas desejam – melhor ainda, coloque-as no ônibus! Faça uma lista antes de sair às compras e você ganhará de volta parte do seu fim de semana, assim como muitos pontos de bom comportamento ecológico.

PEGUE CARONA 13

Muitas das viagens de carro são feitas por grandes grupos de pessoas que vão para o mesmo lugar, tal como um evento esportivo, um concerto ou o local de trabalho.

Outra maneira muito simples de reduzir sua pegada (emissão) de carbono é dividir uma carona com alguém que esteja indo para o mesmo destino. Provavelmente você ficaria feliz se pudesse comprar um carro ecologicamente correto, capaz de rodar o dobro de quilômetros por litro de combustível do que seu atual modelo, mas, ao pôr mais uma pessoa no carro, você já pode cortar pela metade suas emissões individuais.

Com quatro pessoas no carro, você vai produzir as mesmas emissões que seriam registradas caso cada um estivesse fazendo o percurso em um veículo híbrido (veja pág. 51) supereficiente: quatro pessoas dividindo um pequeno carro que emite 140 gramas de dióxido de carbono por quilômetro equivalem a apenas 35 gramas por quilômetro por pessoa.

Organizar caronas com amigos é tão fácil quanto dar um telefonema, e as caronas para o trabalho podem ser organizadas como parte de um plano de viagens do escritório (veja mais adiante). Em cidades como Nova York, já existem iniciativas como o site RideAmigos, que ajuda as pessoas a encontrar companheiros de carona para trajetos regulares (como o do trabalho) e ocasionais.

14 O CLUBE DE CARROS

No Reino Unido e em outros países, é possível associar-se a um clube de carros para economizar dinheiro e diminuir seu impacto no meio ambiente sem precisar desistir de todos os benefícios de um automóvel.

Em um clube de carros, os sócios compartilham o uso dos veículos. Após entrar para o clube, você simplesmente faz uma reserva por telefone ou pelo site e usa o seu cartão eletrônico de associado e sua senha para destravar e dirigir um dos carros (que ficam estacionados em espaços destinados a eles por todo o país). Você paga uma taxa para ficar sócio e depois uma tarifa por hora para utilizar o carro.

Os sócios dos clubes de carros costumam dirigir entre 60% e 70% menos quilômetros que os proprietários de veículos, mas não sentem uma redução na qualidade de vida por causa disso. Esse é um exemplo clássico de "evaporação" de percursos; os sócios dos clubes de carros podem dispor de um veículo quando quiserem, e fazer uma reserva leva apenas alguns minutos. Essa pequena demora ainda os incentiva naturalmente a usar mais de um tipo de transporte para seus deslocamentos e utilizar outros meios quando for mais cômodo.

Há muitos outros benefícios dos clubes de carros:

• Cada veículo substitui cerca de seis carros particulares, reduzindo o volume de automóveis estacionados nas ruas.

• Tendo em vista que nesses clubes os carros são geralmente mais novos e menos poluidores que o carro mediano, é possível reduzir significativamente o dióxido de carbono. Os usuários do clube de carros de San Francisco, nos EUA, diminuíram suas emissões pessoais em cerca de 2,3 toneladas anuais cada um.

• A maioria dos sócios economiza muito. Para quem dirige menos de 10 mil quilômetros por ano, ficar sócio de um clube de carros em vez de ter um automóvel pode proporcionar uma economia equivalente a R$ 5.000 anuais em custos como impostos, seguro, manutenção e combustível. Esses itens estão incluídos nas taxas de associação e nas tarifas cobradas por hora.

Os clubes de carros contam com testemunhos ardorosos dos sócios. Eles podem voltar a ter um carro quando quiserem, mas a maioria nem sonharia com isso.

Esses esquemas funcionam melhor nas cidades onde muitas pessoas estão perto do estacionamento de um clube de carros, mas clubes rurais também começam a surgir.

Pense bem nisso. Se a sua cidade não tem algo parecido, você pode se tornar um pioneiro.

15 FAÇA COMPRAS POR PERTO

Uma a cada dez viagens de carro hoje no Reino Unido (e o mesmo vale para outros países) é feita para comprar comida, e por volta de 5% de todos os quilômetros percorridos são utilizados para esse fim.

Assim, ir a pé para as lojas pode fazer uma verdadeira diferença na redução dos congestionamentos e dos gastos com combustível, sem esquecer o exercício que você faz.

Se você não conseguir tudo de que precisa na hora, fazer mudanças em algumas de suas idas às compras e utilizar o comércio local – talvez para aqueles produtos que você esqueceu – elimina a necessidade de sair todas as vezes de carro.

Não é apenas o meio ambiente que se beneficia com as compras realizadas no comércio do bairro. Uma ampla gama de pequenas lojas é importante para construir comunidades seguras e amigáveis, de forma que apoiar o comércio de bairro ajuda a deixar as ruas mais seguras para aquelas pessoas que têm receio de caminhar pelas redondezas e ficam tentadas a usar o carro para ir mais longe.

Por que não começar a comprar nas lojas do seu bairro os produtos que você consome regularmente e depois pedir que os donos das lojas façam um estoque dos outros produtos de que precisa? Um dia, finalmente, você deverá conseguir de tudo nas lojas do bairro, e poderá então eliminar de uma vez o uso do carro até o supermercado.

COMPRAS DE REPOSIÇÃO 16

A maioria das pessoas faz uma grande compra de comida por semana ou por mês. As pesquisas revelam que, em média, gastamos 80% do nosso orçamento destinado à comida para a família em apenas uma viagem para o supermercado.

Por causa disso, ocorre muito desperdício. Mais de um terço dos alimentos que compramos acaba na lata de lixo; parte em casca e pedaços cortados, mas boa parcela simplesmente se estraga na geladeira, no armário ou na cesta de verduras, porque compramos demais de uma vez só e não planejamos antecipadamente, sobrando ingredientes que nunca usamos para preparar as refeições.

A maioria de nós já usa outras lojas que ficam no caminho dos trajetos feitos para as compras, a fim de reabastecer a despensa com produtos como pão e leite, que podem estragar. Essas compras costumam não ser previstas, acontecem quando voltamos do trabalho, ou como parte de outros trajetos, de forma que são muito eficientes e têm pouco impacto sobre o planeta.

Portanto, uma forma de ajudar a reduzir a sua pegada (emissão) de carbono no mundo é abandonar a compra semanal e, em lugar dela, fazer as compras nas pequenas lojas, incluindo-as em sua rotina. Ao tomar essa atitude, evitamos viagens extras para comprar comida, desperdiçamos menos e também consumimos alimentos mais frescos.

17 PEÇA ENTREGA EM CASA

Optar pela entrega de mercadorias em casa em lugar de ir ao supermercado de carro pode poupar muitas emissões de carbono, e, se mais pessoas o fizessem, também estaríamos oferecendo uma grande contribuição para diminuir o trânsito.

É lógico que os veículos que fazem entregas também vão para as ruas, mas podem entregar compras em várias casas em uma só viagem e economizar no número total de circuitos. Pesquisas em toda a Europa revelaram que, se cada entrega substitui uma viagem de carro para fazer compras, as compras encomendadas por telefone ou internet e entregues em casa resultam numa redução de mais de 70% nos quilômetros rodados para transportar os produtos até sua casa.

Apenas cerca de 10% das pessoas usam esse sistema para as compras de alimentos. Utilizar mais esse serviço, portanto, pode realmente transformar nossas ruas. Além disso, quanto mais as pessoas optarem por esse serviço, mais ele vai ficar eficiente, uma vez que facilita o planejamento dos circuitos e a entrega de mais produtos por viagem.

Esse tipo de transporte é uma das maneiras mais ecológicas de fazer compras, em especial se você puder adquirir verduras orgânicas produzidas localmente, ainda mais se for de bicicleta.

Mas não se detenha nas verduras; existem muitos outros produtos que você pode comprar dessa forma:

• Alimentos em geral (tente encontrar um serviço que utilize as lojas locais, ou um depósito, em vez de um que simplesmente retire os produtos em um supermercado).

• Sapatos e roupas (agora compro quase todos os meus sapatos pela internet, porque é muito mais fácil que percorrer várias lojas).

• Música e filmes (nesses casos, você sabe exatamente o que está adquirindo).

CURTA O ÔNIBUS

Quando muitas pessoas precisam se locomover na mesma direção, a idéia de dividir um veículo grande em vez de viajar em carros separados faz parte do senso comum, independentemente do fato de você estar ou não preocupado com a mudança climática.

Os serviços de transporte público nas principais ruas têm uma longa história. No século 17, muito antes das ferrovias, as carruagens eram muito usadas para atravessar os países, e os trajetos que elas percorriam se encheram de cidades que progrediam e tabernas onde os cavalos podiam ser substituídos e os passageiros tinham a oportunidade de descansar. Os primeiros ônibus urbanos puxados por cavalos surgiram nos anos 1820, enquanto os bondes e trens elétricos foram introduzidos nas cidades a partir da década de 1870.

Infelizmente, a explosão do uso dos carros a motor em meados do século passado levou ao desmantelamento de muitos sistemas de bondes. No entanto, hoje, nos lugares em que os bondes sobreviveram ou foram novamente introduzidos, ficaram mais populares que os ônibus, porque oferecem uma viagem mais suave e sofrem menos atrasos.

As cidades bem servidas de transporte público têm menos proprietários de automóveis. No centro de Londres, menos da metade das famílias possui carro e mais de 5 milhões de pessoas tomam o ônibus todos os dias.

Se você não conta com serviços que atendam aos trajetos que precisa fazer, de nada serve incentivá-lo a usar o ônibus. Mas, se houver um que poderia usar, e não o faz, aqui vão alguns benefícios que talvez você não tenha imaginado e que podem encorajá-lo a utilizá-lo mais.

Além disso, se você conta com serviços de transporte público de má qualidade na sua região, aqui vão algumas idéias para promover uma campanha a fim de melhorá-los.

18 POUPE CO_2 NO ÔNIBUS

Um ônibus tem motor maior que um carro e, como veículo, expele muito dióxido de carbono. No entanto, mesmo com relativamente poucos passageiros, as emissões por pessoa são bem menores que no carro.

Um simples ônibus a diesel chega a fazer cerca de 2 quilômetros por litro de combustível na cidade e emite cerca de 1.300 gramas de dióxido de carbono por quilômetro. Mesmo com apenas 20 passageiros, isso equivale a apenas 65 gramas por pessoa para cada quilômetro viajado – muito menos que a média do carro, de 169 gramas por quilômetro. E, em um ônibus com 75 passageiros, cada pessoa tem um total de emissões de apenas 17 gramas por quilômetro.

Algumas grandes cidades do mundo estão introduzindo ônibus híbridos, que combinam um motor a diesel com um elétrico. Eles emitem um resíduo menor de carbono (cerca de 750 gramas de dióxido de carbono por quilômetro para um ônibus médio) e também trazem benefícios para a qualidade do ar.

Dados sobre dióxido de carbono, em gramas, por quilômetro e por passageiro

Ônibus híbrido
75 passageiros:
10 g cada

Ônibus de dois andares ou articulado
75 passageiros:
17 g cada

Ônibus híbrido
20 passageiros:
38 g cada

Ônibus comum a diesel
20 passageiros:
65 g cada

Carro médio
1 pessoa:
169 g

19 PARA FAZER NO ÔNIBUS

Independentemente das considerações acerca do carbono, existem boas razões para usar o ônibus. Aqui vão cinco benefícios do transporte público que você pode não ter levado em conta.

1. Ler um livro

Ao contrário do carro, em que ouvir o rádio ou o aparelho de som é a única opção, no ônibus você pode desfrutar um bom romance, ler o jornal ou até revisar alguma coisa do seu trabalho.

2. Ficar menos estressado

Os ônibus são lugares bem menos frustrantes que o carro durante os engarrafamentos: você pode ler para não ficar pensando nos atrasos e sempre existe a opção de saltar e caminhar, ao invés de ficar preso a bordo. E, naturalmente, quanto mais pessoas resolverem tomar ônibus, menos engarrafamentos haverá.

3. Usar o celular

Usar o telefone celular quando se dirige é ilegal, porque já ficou claro que é uma distração perigosa. No ônibus, atender o telefone não é passível de punição – mas seja educado e fale em voz baixa.

4. Tomar um drinque antes

Beber e dirigir pode ser uma combinação mortal, mas, se você for tomar o ônibus para casa, desfrutar uma taça de vinho durante o jantar não é um problema. Saúde!

5. Ficar mais magro

Até aquela pequena caminhada para o ponto de ônibus contribui para o seu bem-estar físico e o ajuda a não engordar, em comparação com simplesmente andar até o carro.

20 PEÇA SERVIÇO MELHOR

As empresas de ônibus geralmente vivem do lucro. Não gostam de oferecer serviços que ninguém vai usar, uma vez que precisam do dinheiro obtido com as passagens para existir.

Assim sendo, se um ônibus fizer um percurso ilógico, ou que não seja mais utilizado nem apropriado para as pessoas que moram nas suas redondezas, pode ser o caso de avisar a empresa e sugerir mudanças. Caso contrário, com menos passageiros, ela pode cancelar tudo.

Da mesma forma, se você puder provar que existe demanda por um novo trajeto, a empresa pode se interessar em conhecer uma nova opção de ganhar dinheiro.

Se existe uma falha nos serviços locais, por que não fazer uma solicitação coletiva? Recolha assinaturas ao longo do trajeto – talvez na escola, no centro de lazer ou nas lojas – e depois apresente a proposta para a empresa e para o serviço de transporte público da prefeitura, para mostrar-lhes o quanto o novo percurso será benéfico.

CARROS MAIS ECOLÓGICOS

O que me levou ao movimento verde foi ver o crescente número de jipões substituindo os carros comuns nas ruas de Londres. Com várias escolas no alto do morro atrás da minha casa, eu esperava o ônibus todas as manhãs e via passar uma fila de veículos pesados que estavam sendo usados só para transportar pai e filho por cerca de 1,5 ou 3 quilômetros para baixo e para cima.

A moda de carros grandes e altos também influenciou nossas opções por veículos. Apesar dos avanços na tecnologia, a eficiência média de um carro nas nossas ruas melhorou muito pouco nos últimos anos, e estamos longe dos objetivos que fixamos nos anos 1990. Isso se deve parcialmente às empresas automobilísticas, que tentam nos vender veículos maiores e mais lucrativos (para elas). Apesar disso, no fim das contas, a escolha de um carro é de nossa responsabilidade.

Fiquei preocupada com isso e lancei uma campanha para lidar com a questão dos jipões, mas você não precisa ir tão longe. Com a má qualidade do ar nas nossas cidades, que insiste em não melhorar, e o perigo que, para os pedestres, representam o peso e a altura dos carros, fazer uma escolha pessoal para dirigir um veículo menor e mais eficiente é uma das melhores coisas que você pode fazer para ajudar a melhorar nosso ambiente e reduzir sua pegada (emissão) de carbono.

Existem, naturalmente, muitas outras maneiras de se locomover, e este livro tem muitas idéias para evitar os percursos de automóvel. No entanto, se você realmente precisa usar um carro para algumas viagens, aqui vão algumas formas de reduzir os danos provocados – e também de economizar dinheiro com combustível.

21 COMPRE O MELHOR CARRO

Comece procurando o carro mais ecológico possível dentro do tipo que você quer. Há uma série vasta, em termos de eficiência de combustível, entre carros muito semelhantes – mesmo se você precisar de um jipão, pode encontrar veículos bem projetados cuja eficiência supera em mais de duas vezes os piores modelos.

Pesquise um pouco os melhores carros na internet antes de ir até a concessionária. Em muitos países existem sites que informam a eficiência do combustível (em gramas de dióxido de carbono por quilômetro rodado) de todos os veículos à venda no mercado. A maioria deles permite escolher o tipo de veículo e de combustível antes de obter a lista dos melhores carros naquela categoria.

E, lembre-se, não se trata só de tecnologia. Se você precisa apenas de um carro que o leve de A a B, existe uma infinidade de pequenos modelos bem produzidos que utilizam gasolina ou álcool, mas cuja eficiência em termos de combustível equivale à dos híbridos – que infelizmente ainda não estão disponíveis no Brasil.

Não se esqueça da segurança. Para os carros à venda na Europa, o comprador pode checar no site de testes Euro NCAP os resultados do quesito segurança dos passageiros nos testes de colisão, a segurança das crianças no banco traseiro, bem como a dos pedestres.

O CARRO HÍBRIDO 22

Os veículos híbridos estão ganhando popularidade nos países mais desenvolvidos, apesar de custarem entre 10% e 20% mais que o seu equivalente movido a gasolina ou a diesel. A tecnologia que eles utilizam é realmente inteligente e combina um motor a gasolina com um elétrico, carregado com a energia recuperada dos freios. A escolha do motor utilizado a cada trecho do percurso é controlada por um computador a bordo, que também mostra exatamente para onde a energia está indo com um painel de instrumentos inteligente.

Para dirigir, os carros híbridos são quase como um carro automático normal e nunca precisam ser ligados porque toda a energia que utilizam vem da gasolina. Representam uma opção de baixa emissão de carbono porque utilizam a gasolina de forma mais eficiente que um carro, no qual a energia gasta ao frear é simplesmente desperdiçada como calor pelos componentes do freio.

No momento existem poucos carros híbridos no mercado, fora do Brasil, mas em breve deverão chegar outros e os preços tendem a baixar. Em algumas cidades do mundo pode-se até viajar em ônibus híbridos; Londres, por exemplo, tem agora uma série de ônibus desse tipo de um e de dois andares circulando nas ruas.

23 DIREÇÃO ECOLÓGICA

Freqüentemente, os cálculos de eficiência de combustível que figuram nas estatísticas oficiais não indicam o que as pessoas de fato conseguem com seus carros quando dirigem no mundo real, porque as medidas são feitas sob severas condições de teste.

No entanto, você pode obter o máximo de seu carro (e chegar muito perto desses números) adotando algumas técnicas simples para dirigir de um jeito mais ecológico.

1. Parta imediatamente
Deixar seu carro esquentando muito tempo não incomoda apenas os vizinhos – também é uma completa perda de combustível.

2. Desligue o motor nas filas longas
As opiniões diferem quanto aos números exatos, mas ligar o motor de novo consome menos combustível que deixá-lo ocioso entre 10 e 20 segundos. Portanto, num engarrafamento, é bom desligar o motor. Fique atento para ligar de novo rapidamente quando o trânsito começar a andar. Um motor híbrido faz isso automaticamente, e isso explica em parte por que esse tipo de motor é tão eficiente.

3. Mantenha a velocidade baixa na estrada

A velocidade ideal para obter uma boa eficiência de combustível é de cerca de 90 km/h. Acima disso, o consumo sobe cerca de 1% para cada 1 km/h extra. No Brasil, dirigir na estrada a uma velocidade de 140 km/h é ilegal, mas muitas pessoas o fazem mesmo assim, sem perceber que estão consumindo até 20% a mais de combustível do que se estivessem obedecendo ao limite máximo de velocidade de 120 km/h.

4. Não transporte coisas desnecessárias

Objetos pesados deixados no porta-malas e no bagageiro de teto do veículo diminuem a eficiência do combustível.

5. Dirija calmamente

Não acelere quando vir o farol vermelho, e evite deixar para brecar no último minuto. Tente dirigir a um ritmo suave, regulando a marcha para obter o máximo de eficiência de combustível e menos consumo.

6. Fique de olho nas rotações por minuto (rpm)

O motor do seu carro trabalha de forma mais eficiente quando está girando entre 1.500 e 2.500 rotações por minuto (rpm). O mostrador no painel vai indicar as rpm, e ele poderá chegar a 4.000 ou mais se você estiver na marcha errada. Mude de marcha suavemente quando a contagem das rpm chegar a cerca de 2.500 (2.000 para veículos a diesel): você perceberá uma grande diferença na eficiência do combustível.

24 OS VEÍCULOS ELÉTRICOS

Os veículos elétricos são ideais para a cidade, embora ainda sejam muito raros. Não utilizam diretamente combustíveis fósseis e não têm escapamento, de forma que são muito bons para melhorar a qualidade do ar. Também são realmente silenciosos e, tendo em vista que geralmente são bastante pequenos, contribuem menos para os congestionamentos. São uma ótima alternativa aos trajetos curtos mas ainda demasiado longos para a bicicleta.

Todas as vezes que um veículo urbano elétrico é utilizado, precisa ser recarregado para a próxima ocasião. Normalmente isso é feito com um soquete normal de eletricidade. Quando são carregados, têm uma autonomia entre 50 e 300 quilômetros, dependendo do terreno e do modelo, mas não alcançam velocidades máximas tão elevadas quanto um carro a gasolina, portanto são mais apropriados para o trânsito das cidades, que anda e pára continuamente.

No Reino Unido, o carro elétrico mais disponível no mercado chama-se G-Wiz. Tem quatro lugares (embora nos assentos traseiros só caibam mesmo crianças), cobre uma distância de cerca de 65 quilômetros e alcança uma velocidade máxima de 65 km/h. Em Londres, esses carros podem estacionar de graça no centro da cidade.

25 POR QUE NÃO UMA MOTO?

Se seus trajetos rotineiros não podem ser compartilhados com os outros nem são fáceis de percorrer a pé, de bicicleta ou utilizando o transporte público, uma motocicleta ou uma lambreta podem ser um bom investimento.

Em comparação com o carro, a moto ocupa muito menos espaço, é mais fácil de estacionar e lança muito menos carbono na atmosfera, embora alguns modelos, no Brasil, produzam quantidades consideráveis de outros poluentes.

Para utilização na cidade, as lambretas são a opção mais ecológica, uma vez que geralmente têm motores menores. Você não precisa de roupas especiais como aquelas de dirigir moto e pode até usar saia, se quiser.

Assim como no caso dos automóveis, a eficácia do combustível das motos varia, portanto confirme os números antes de escolher um modelo e dê uma olhada nas motos elétricas, que estão começando a ser produzidas.

Finalmente, não deixe de tirar a carteira de motorista adequada para conduzir motos e faça um treinamento para dirigir com segurança. Infelizmente, os acidentes de moto são mais comuns que os registrados com outros meios de transporte, mas, se você conseguir um bom instrutor e seguir suas recomendações, pode ficar longe dos problemas.

O TRAJETO PARA A ESCOLA

Um quarto dos percursos feitos pelas crianças com menos de 16 anos é de ida e volta à escola. Nesses trajetos aprendemos os hábitos e as práticas de locomoção que manteremos pelo resto da vida, seja pedalando uma bicicleta na rua, cheios de confiança, ou aprendendo a atravessar a rua com segurança, familiarizando-nos com os trajetos dos ônibus ou – o que é menos positivo – pegando o mau hábito de um estilo de vida sedentário, que depende do carro.

Se ajudamos a desenvolver hábitos mais ecológicos nas crianças, ganhamos benefícios de longo prazo para a sociedade e o planeta, mas também temos resultados imediatos ao melhorar a qualidade do ar que respiramos e ao deixar nossas ruas mais tranqüilas e seguras, longe dos perigos trazidos pelo crime e pelo trânsito.

O trajeto para a escola é uma ocasião excelente para começar a fazer opções mais ecológicas de locomoção, uma vez que esse simples percurso está se tornando menos sustentável a cada ano que passa.

De cada 20 trajetos feitos de automóvel, um é responsável pelo percurso de casa para a escola e vice-versa e, nos centros urbanos, entre 7h e 8h da manhã, a cada cinco carros, um estará levando crianças para a escola. Dessa forma, a ida à escola também contribui com sua parte para a produção de emissões de carbono e para os congestionamentos nos horários de pico.

Como a maioria das escolas está a menos de 3 quilômetros das residências, fica a uma distância passível de ser percorrida a pé ou de bicicleta, ou está bem atendida pelo transporte público, existem muitas maneiras de fazer realmente diferença para o percurso até a escola ficar mais ecológico. É importante realçar, no entanto, que se devem verificar as condições de segurança do trajeto em meio ao trânsito para quem vai à escola, antes de mandar os filhos irem de bicicleta.

26 VÁ PARA A ESCOLA A PÉ

Quando era criança, desde os sete anos eu tinha permissão de ir a pé para a escola com uma amiga que morava em frente. Isso realmente ajudou a me tornar mais independente e confiante. Dificilmente alguém da minha escola chegava para as aulas de carro, portanto fiquei chocada quando descobri que, hoje, apenas metade dos alunos do ensino fundamental vai para as aulas a pé.

Nem sempre há justificativa para o baixo número de crianças que vão para a escola a pé. O risco representado pelas pessoas estranhas pode ser bem menor do que pensamos, dependendo do bairro em que você mora, e manter as crianças em "cativeiro" em casa e dentro do carro pode ser muito irracional nos casos em que a segurança da região é alta.

De fato, os riscos de que as crianças se tornem obesas e inativas podem ser bem maiores, assim como o perigo de aumentar o trânsito.

Comece a criar crianças confiantes e que saibam como andar na rua indo com elas a pé para a escola enquanto são pequenas. Torne o percurso divertido e faça dele uma oportunidade para conhecer o seu bairro e observar o mundo à sua volta. Faça algumas brincadeiras, como localizar os diferentes tipos de árvores e plantas, ou invente jogos com os números das placas dos carros.

Cabe às próprias crianças a decisão de caminhar para a escola sozinhas. Deixe que elas lhe digam quando estiverem sentindo confiança e comece combinando com os amigos da vizinhança, para que todos possam ir juntos.

Depois de ir para a escola com você durante anos, elas devem estar bem preparadas para cuidar de si próprias, mas certifique-se de que também assimilem estas dicas:

- Conhecer o caminho e não se desviar dele
- Saber como atravessar a rua com segurança e nunca correr riscos no trânsito
- Permanecer junto com os amigos, mesmo se tiverem uma discussão
- Dizer não para estranhos, não importa quanto pareçam gentis
- Conhecer lugares seguros ao longo do percurso, como lojas, bibliotecas ou a delegacia
- Ficar visível – usar cores claras e acessórios de alta visibilidade, como cintos ou adesivos reflexivos nas bolsas

27 O ÔNIBUS PEDESTRE

Com o número cada vez maior de crianças que vão para a escola de carro, muitas regiões têm congestionamentos enormes de manhã, o que levou pais e escolas a propor uma solução brilhante no Reino Unido: o "ônibus pedestre", ou "crocodilo", como é conhecido nesse país.

Um "ônibus pedestre" envolve dois ou três pais que supervisionam, todos os dias, até 20 crianças. Elas vão para a escola a pé e em grupo; fazem um trajeto fixo e pegam outras crianças no caminho. Todas as crianças usam coletes de cores claras, e os "motoristas do ônibus" podem usar um carrinho para ajudar a carregar as mochilas escolares, transformando o trabalho de levar as crianças à escola em algo fácil e divertido e mantendo-as ativas.

Começar um "ônibus escolar pedestre" é bastante simples, principalmente se os pais se encontram ao longo do caminho e já se conhecem. Um comboio desse tipo faz as pessoas compartilharem as responsabilidades e permite que os pais desfrutem tempo livre, quando não é a sua vez de participar do grupo. Existem, portanto, muitas boas razões para colocar essa idéia em prática.

Converse com a direção da escola e as autoridades de trânsito de sua cidade responsáveis pelo tráfego escolar. Elas podem ajudar em alguns detalhes como o policiamento, a divulgação do "ônibus" para outros pais e o planejamento de trajetos. Você pode até conseguir patrocínio de empresas para ajudar a comprar roupas que sejam de grande visibilidade – é uma boa propaganda para elas, e essa atividade constitui um ótimo motivo para divulgar como é bom ir para a escola a pé.

28 VÁ ÀS AULAS DE BICICLETA

As crianças precisam se mexer. Os especialistas recomendam uma hora por dia, e ir para a escola de bicicleta é uma maneira excelente de inserir o hábito do exercício na vida diária delas, em vez de dificultar as coisas introduzindo o exercício físico como atividade especial que requer muita organização para levar adiante.

Na Dinamarca, 60% das crianças vão para a escola de bicicleta. Faz parte da cultura local, graças às ótimas ciclovias e ao compromisso verdadeiro das escolas em apoiar o hábito de pedalar.

Com um pouco de treinamento e um capacete, qualquer risco que possa advir do uso da bicicleta é contrabalançado pelos benefícios de se manter saudável, ativo e independente. Pedalar na infância também contribui para que as crianças se tornem adultos mais saudáveis. Afinal, andar de bicicleta é como, bem, andar de bicicleta! Uma vez que você aprende, nunca vai esquecer, e trata-se de uma habilidade para a vida toda.

Os pais podem fazer muito para incentivar seus filhos a usar esse meio de locomoção; inicialmente, presenteando-os com uma bicicleta e depois ajudando a dominar as técnicas básicas necessárias. As escolas também podem dar uma grande contribuição, oferecendo treinamento e um lugar seguro para que as crianças deixem suas bicicletas durante as aulas, além de garantir que elas não tenham de carregar uma penca de livros pesados. Naturalmente, antes de iniciar a prática, os pais devem verificar as condições de segurança no trajeto em meio ao trânsito de casa para a escola.

1

29 DEPOIS DAS AULAS

Atualmente, mais da metade dos percursos infantis é feita de automóvel. Portanto, se você tiver filhos ainda pequenos, pode promover a saúde deles e diminuir a pegada (emissão) familiar de carbono mudando o meio de locomoção fora dos horários da escola.

Se você for a um jogo de futebol ou ao clube, por que não levar os filhos de ônibus, ou ir com eles a pé, caso o local esteja a menos de 3 quilômetros de distância? Sem o estresse de se concentrar na direção, esses percursos podem lhe proporcionar tempo para ter uma conversa mais aberta e profunda com seus filhos, ou para conhecer melhor sua região, e ainda os ajuda a ganhar confiança para usar esses meios de locomoção quando crescerem.

Pedalar com seus filhos é saudável para todos. É uma ótima forma de ensiná-los a se virar pelas ruas antes de deixá-los andar de bicicleta por conta própria.

AS EXCURSÕES ESCOLARES 30

Se você for professor, ou se for uma mãe ou um pai que ajuda a organizar excursões escolares para as crianças, por que não pensar em formas de criar excursões com mais atividades?

Crianças são cheias de energia e tendem a ficar elétricas numa excursão escolar. Mantê-las quietas dentro de um museu ou paradas em casa pode ser muito difícil. Escolha uma excursão que envolva mais atividades a fim de liberar a energia das crianças, de melhorar sua saúde e de ficar em forma.

Veja se você pode encontrar atividades locais que as mantenham em movimento, como uma caminhada numa grande praça ou num parque de esculturas, um passeio por um parque de aventuras ou um dia repleto de atividades ao ar livre, como arco-e-flecha ou arborismo. Preste atenção no número cada vez maior de grupos ambientalistas que oferecem atividades ecológicas, principalmente para as escolas, tais como limpeza de praias e rios, plantio de árvores ou trilhas educativas.

O TRAJETO PARA O TRABALHO

O trajeto até o local de trabalho responde por grande parte dos nossos quilômetros diários, representando cerca de um quinto das distâncias que percorremos e mais de um quinto do tempo que passamos em locomoção, na maioria das vezes nos horários de pico. Afinal de contas, sem as idas e vindas para o trabalho não haveria a hora do rush!

Em média, atualmente, os trabalhadores britânicos gastam uma hora para ir e voltar do local de trabalho a cada dia. Em grandes cidades brasileiras, como São Paulo, isso pode facilmente ultrapassar duas horas. Muitos de nossos trajetos mais longos são feitos a trabalho, também. Os veículos das empresas percorrem distâncias mais de duas vezes maiores que os particulares – em média, mais de 30 mil quilômetros por ano.

Transformar as viagens e percursos feitos a trabalho em uma atividade mais sustentável traz benefícios tanto para as empresas como para os funcionários. Congestionamentos e atrasos custam dinheiro. Além disso, reduzir as emissões de dióxido de carbono e criar um ambiente de trabalho mais ecológico é muito bom para a imagem da organização.

Há muitas razões para dividir uma carona e assim reduzir o número de carros nas ruas. Facilitar o uso do transporte público ou da bicicleta, ou incentivar a caminhada para os funcionários chegarem ao trabalho, ajuda-os a ficarem mais ativos, menos estressados e mais motivados. Os empresários também podem ajudar o meio ambiente e melhorar a produtividade incentivando as pessoas a trabalhar em casa com mais freqüência.

Algumas das dicas desta seção são iniciativas que você pode tomar por conta própria, na qualidade de funcionário. Outras são medidas para as quais o seu empregador precisa dar sua contribuição. Se você for o chefe, pode fazer ainda mais diferença – todas essas idéias vão funcionar melhor se os executivos se comprometerem com a causa e realmente quiserem ajudar.

31 TRABALHE EM CASA

Menos de uma a cada 20 pessoas trabalha regularmente em casa. Em cada grupo de cinco, porém, uma poderia trabalhar pelo menos parte do tempo longe do escritório.

Para o planeta, os principais benefícios de trabalhar em casa advêm de evitar as emissões de dióxido de carbono produzidas no percurso para o local de trabalho. Tendo em vista que o trânsito lento e congestionado provoca mais emissões de carbono por quilômetro, a economia que poderia ser feita caso as pessoas passassem só um dia em casa, a cada duas semanas, poderia reduzir em 10% o trânsito dos horários de pico e diminuir ainda mais a pegada de carbono, se a viagem de todos ficar mais rápida.

Trabalhar um pouco em casa traz outros benefícios. Longe da conversa dos colegas, pode ficar mais fácil trabalhar em um projeto que requer muita concentração. Ficar em casa também pode ser melhor para o equilíbrio entre a vida profissional e a familiar: você pode passar o horário de almoço colocando em dia o trabalho doméstico e estar em casa quando as crianças chegam da escola.

32 O TRANSPORTE SOLIDÁRIO

As pessoas que usam o carro para ir e voltar do trabalho são muito mais propensas a viajar sozinhas que o motorista que utiliza o automóvel para tudo. Nos Estados Unidos, nove entre dez pessoas vão trabalhar de carro, e a grande maioria viaja sozinha. No Reino Unido, mais de 80% das pessoas que dirigem para ir ao local de trabalho não dividem o carro com ninguém.

O local de trabalho é o lugar ideal para organizar caronas. Levando em consideração que todos vão para o mesmo edifício todos os dias e que a organização conhece a todos, há um leque pronto de pessoas com as quais se pode compartilhar o carro e que podem entrar em contato entre si.

Uma boa idéia é organizar "o cafezinho do CEP", reunião em que as pessoas que moram em regiões com códigos postais parecidos podem se encontrar e achar parceiros de carona.

Qualquer um pode organizar essa iniciativa, mas os empregadores podem dar grande contribuição para que ela seja bem-sucedida oferecendo incentivos (como vagas no estacionamento) para quem divide carona e garantindo que os funcionários possam ir para casa de táxi, caso eles precisem ficar no escritório até mais tarde e o dono do carro já tenha ido embora.

Na prática, essas garantias quase nunca são utilizadas, mas saber que existem realmente ajuda a tranqüilizar as pessoas, porque elas sabem que não vão ficar na mão.

PLANEJE SEUS PERCURSOS 33

O planejamento de longo prazo para tornar os trajetos até o trabalho mais ecológicos pode fazer toda a diferença. Todos se beneficiam se a empresa ajuda os funcionários a ir para o trabalho de maneira mais ecológica e eficiente – desde as pessoas que vivem nas redondezas, que vão gostar de ter menos congestionamento e menos carros estacionados nas ruas da região, até os próprios funcionários, que vão passar menos tempo no trânsito e chegar ao local de trabalho mais felizes e menos estressados.

Na internet existe abundância de informações sobre trajetos mais curtos de um ponto a outro.

O essencial é saber se localizar – descubra onde os funcionários moram, como eles vão para o trabalho e o que os está impedindo de utilizar métodos mais ecológicos. Estabeleça então algumas metas factíveis e coloque uma série de medidas em prática para alcançá-las.

Sua escolha vai depender do seu local de trabalho. Será mais importante incentivar o uso da bicicleta se a maioria das pessoas morar a menos de 5 quilômetros. A opção já será outra caso a maioria dos funcionários resida a 10 quilômetros de distância.

34 TRABALHO DO CHEFE

Se você trabalha em uma empresa, pode fazer muitas coisas para convencer os chefes a incentivar formas mais ecológicas de chegar ao local de trabalho. Mas tanto as medidas de caráter individual quanto as de maior escala funcionam muito melhor quando administradas pelo alto escalão da empresa.

Se você for o chefe, talvez precise de uma série de medidas persuasivas – verdadeiros incentivos para utilizar menos o carro, ao lado de uma ação decidida para que as opções mais ecológicas se tornem mais atraentes. Podem ser medidas simples, como criar um estacionamento para bicicletas e instalar chuveiros, ou convencer a prefeitura a colocar o ponto de ônibus mais perto de seu escritório. Diminuir o número de vagas para carros pode ser medida oportuna, mas só depois que você providenciar os incentivos, como a garantia de vaga no estacionamento para quem divide carona.

Quando sentir que está conseguindo bons resultados, converse com os outros sobre o êxito das medidas e acumule energia para traçar planos mais ambiciosos. Para viagens e trajetos urbanos a trabalho, as empresas podem economizar muito – em carbono e em dinheiro – se entrarem em acordo com outras firmas para compartilhar o uso de veículos, em vez de utilizar carros que servem unicamente a uma empresa. Quando as empresas colocam à disposição dos funcionários coisas simples como bicicletas, transporte solidário e outros benefícios, eles têm a opção de escolher meios de locomoção mais ecológicos, que atuarão em benefício da própria companhia.

35 VIAJE DE TREM

Ao contrário de ter de dirigir nas estradas e da má experiência num vôo mais barato, a viagem de trem a trabalho é um prazer ao alcance de cidadãos europeus e de alguns outros países. Mesmo na segunda classe de um trem, você consegue um assento tão confortável quanto o de uma poltrona de classe executiva num avião. E, ao contrário do avião ou do carro, você também pode ficar em contato telefônico com o escritório e usar uma mesa de tamanho decente. Nos trens mais modernos, pode até ter acesso à internet sem fio.

Viajo de trem a trabalho por todo o Reino Unido e sempre uso o trajeto para ler relatórios, escrever documentos e me comunicar com o escritório confortavelmente. Mesmo que não fosse uma ambientalista, para mim não há comparação. Em alguns casos é até mais rápido, uma vez que você viaja em alta velocidade e não precisa se preocupar em ir do aeroporto para a cidade quando aterrissa.

Infelizmente, os sistemas de contabilidade de despesas das companhias podem não incentivar as viagens de trem. Um pequeno subsídio com base na quilometragem para as viagens a trabalho pode não ser suficiente para pagar as passagens de trem reservadas com atraso, que custam mais caro. Assim sendo, incentiva-se as pessoas a usar seus próprios carros e a embolsar a sobra, caso o subsídio seja maior que o custo da gasolina. Garanta que a sua empresa incentive as viagens ferroviárias a trabalho pagando todas as despesas, em lugar de apenas um subsídio baseado na quilometragem.

36 REUNIÕES VIRTUAIS

As viagens de negócios aumentam muito as nossas emissões de carbono. Cerca de um quinto dos quilômetros rodados nas viagens de longa distância refere-se a esse tipo de percurso.

Reduzir esse tipo de viagem faz muito sentido, uma vez que, não importa quão confortável seja seu assento no trem, o tempo gasto nela nunca será tão eficaz quanto se você estivesse sentado em frente à sua mesa de trabalho. Existem muitas tecnologias novas (e relativamente antigas) que podem ajudar a diminuir o tempo, o dinheiro e o carbono gastos nas viagens de negócios.

Muitas reuniões de trabalho não precisam contar com todos os participantes sentados à mesa. Os dirigentes do Partido Verde do Reino Unido estão espalhados por todo o país e, se um assunto importante surge, fazemos uma reunião por telefone.

Em eventos como palestras e apresentações, pode ser mais importante ver a pessoa com a qual você está falando. Nesse sentido, as videoconferências são ideais e emitem pouco carbono. Fazer uma conexão por cabo de vídeo pode ser uma forma acessível de transmitir a fala de um palestrante importante que não pode estar presente, mas desse modo pode se comunicar com o público do evento.

Os primeiros equipamentos de videoconferência eram enormes, barulhentos e muito caros. Agora, porém, com redes de comunicação mais avançadas, existem opções mais acessíveis, como simples câmeras web para reuniões entre duas pessoas, que usam programas gratuitos e custam pouco.

Gramas de dióxido de carbono por passageiro por quilômetro rodado

Ônibus de turismo lotado: 9 g

Carro médio (4 pessoas): 42 g

Trem elétrico: 51 g

Trem a diesel: 69 g

Carro médio (1 pessoa): 169 g

Avião (ocupação média): 230-510 g

VIAGENS DE LONGA DISTÂNCIA

Para as viagens de longa distância, caminhar e pedalar não são opções, o que transforma a locomoção mais ecológica numa questão de reduzir a pegada (emissão) de carbono, em vez de simplesmente cortá-la totalmente.

Para a maioria das pessoas, a escolha de como viajar depende da velocidade, da conveniência e do custo. Apesar de o combustível responder por grande parte dos recursos despendidos nas viagens, com freqüência o custo não é um bom indicador das emissões de carbono. Em vários países o combustível de aviação é totalmente isento de impostos, por isso as companhias aéreas recebem, de fato, um subsídio maior do que o destinado até ao sistema ferroviário com o mais generoso financiamento estatal.

Em razão disso, cada vez mais as viagens longas na Europa e nos Estados Unidos estão sendo realizadas de avião – apesar de que, para os trajetos de menos de 800 quilômetros, o trem é geralmente mais rápido e conveniente.

Mesmo na Grã-Bretanha, uma pequena ilha em que dificilmente uma viagem é de mais de 800 quilômetros, 39% dos trajetos de mais de 500 quilômetros são feitos de avião. A maneira mais comum de viajar é de carro, com 42% das preferências, seguida do trem, com apenas 12%, e do ônibus, com somente 5%.

Felizmente, há muitas razões para aumentar o uso de meios de transporte para longas distâncias que sejam mais amigáveis do ponto de vista ambiental. Também podemos diminuir o impacto de nossas viagens de automóvel promovendo uma ocupação mais eficiente de nossos carros.

37 VÁ COM CALMA

A maioria das viagens de longa distância é feita por motivos pessoais e de lazer, de modo que é relativamente fácil transformá-las em algo mais prazeroso e, devo destacar, em maneiras de viajar que impliquem menos emissão de carbono. Não ficar tão preocupado com os horários abre espaço para muitas opções e permite que você use meios de transporte diferentes para as várias etapas de sua viagem.

Se você estiver partindo para uma viagem longa, por que não dividir um percurso de automóvel em várias etapas, parando para visitar os amigos ou passar uma noite em um hotel e visitar algumas atrações extras, em vez de ir direto de avião, sem conhecer os lugares que existem entre a cidade em que você mora e o destino final?

Viajar por terra oferece a oportunidade ideal para dar uma paradinha nas cidades ao longo do percurso e passar um dia em cada uma. É um jeito muito melhor de explorar uma região do que voar para cada cidade em vários finais de semana.

1
2
3
4
6
8
5
7

38 DE TREM, SEM ESTRESSE

O número de pessoas que viaja de avião ou dirige nos percursos de longa distância na Europa é um pouco misterioso para mim. Detesto ficar dentro de um avião e realmente não curto dirigir na estrada. Para mim, esses dois meios de transporte são estressantes e desconfortáveis.

No entanto, ao contrário disso, adoro estar a bordo de um trem. A viagem é calma, em geral muito rápida e previsível; você tem uma mesa, sobre a qual pode trabalhar, e também pode jogar cartas ou fazer um lanche tranqüilamente.

A vista que temos do trem é uma das mais relaxantes no mundo: as fazendas passam diante de nossos olhos sem ser interrompidas por placas feias, caminhões e outros acessórios que costumam fazer parte das estradas. Você também pode se levantar, esticar as pernas e andar até o vagão-restaurante para mudar o cenário.

No fundo, suas férias já estão começando quando você toma o trem.

Além disso, há as vantagens ecológicas de usar esse meio de transporte. Se, por um lado, o trem não produz emissões de carbono tão baixas quanto o ônibus, no caso de um trem elétrico, com seus 51 gramas por passageiro por quilômetro rodado, bate de longe uma viagem de carro feita com um só passageiro. No caso de um trem a diesel mais antigo, são 69 gramas.

39 VIAJE DE ÔNIBUS

Infelizmente, costuma-se desdenhar das viagens de ônibus, que são um meio de transporte de longa distância com baixa emissão de carbono. Isso é uma vergonha, porque os ônibus podem ser muito mais flexíveis que os trens. Não precisam de muita infraestrutura e, repletos de passageiros, produzem os mais baixos índices de carbono existentes entre os meios de transporte movidos por algum tipo de energia.

Mesmo com ocupação média, os ônibus de longa distância emitem apenas 29 gramas de carbono por passageiro por quilômetro rodado, e um ônibus lotado emite somente 9 gramas por pessoa.

Quando você planejar uma viagem, informe-se sobre os serviços oferecidos pelas empresas de ônibus antes de resolver dirigir todo o trajeto até o seu destino. Embora eles não sejam sempre tão rápidos ou confortáveis quanto os trens, isso está mudando, e eles têm muitos outros benefícios, como a oportunidade de ler e relaxar um pouco, em vez de se concentrar na estrada. O ônibus também tem um custo bastante acessível em comparação aos dos chamados vôos econômicos.

Na Espanha, como no Brasil, as viagens de ônibus são comuns nos percursos de longa distância. Os espanhóis contam com um excelente sistema de serviços convenientes e confortáveis, o que leva as pessoas a utilizar duas vezes mais o ônibus que o trem. Não há nenhuma razão pela qual, numa época em que um número crescente de pessoas precisa adotar maneiras mais ecológicas de viajar, os percursos de ônibus em outros lugares não possam ser tão bons quanto na Espanha.

As coisas também estão melhorando no Reino Unido. Costumo tomar um ônibus de dois andares de Oxford para Londres. Ele tem um espaço extra para as pernas, poltronas muito confortáveis (algumas com mesas) e até tomadas de eletricidade para laptops e telefones celulares.

40 COMPARTILHE A VIAGEM

Nas longas distâncias, pegar e dar carona faz mais sentido ainda do que nos percursos curtos. Dividir o custo do combustível com outras pessoas pode transformar a viagem de carro na maneira mais barata de viajar, e também numa forma de causar baixas emissões de carbono.

Andar com quatro passageiros em um carro médio reduz as emissões de carbono para apenas 42 gramas por quilômetro, o que o coloca abaixo do trem na escala das emissões, embora fique longe da eficiência alcançada por um ônibus nesse quesito.

Existem outros benefícios em compartilhar um carro numa viagem longa. Dividir a direção reduz a necessidade de descansar ao longo do percurso, e ter companheiros de viagem interessantes pode ajudar a diminuir o tédio de uma longa jornada.

Para as viagens pessoais de longa distância, os sites que oferecem a possibilidade de dividir carona podem ser realmente úteis para colocar em contato pessoas que procuram esta opção. Ela pode ser mais fácil de funcionar nos casos das viagens longas, uma vez que todos só precisam ser da mesma cidade, ao contrário do que ocorre nos percursos curtos, em que as pessoas têm de ser do mesmo bairro.

I ♥ NY

FÉRIAS MAIS ECOLÓGICAS

Às vezes penso que a publicidade nos faz esquecer para que são feitas as férias. Todos nós compramos a mesma imagem das "férias ideais": uma palmeira e uma praia de areia branca ao lado de um mar azul-turquesa. Mas é isso o que realmente funciona para uma pausa perfeita? Será que viajar para longe garante mais diversão? E será que alguém merece a chatice de despender horas e horas dentro de um carro, ônibus ou avião só para passar alguns dias em uma praia paradisíaca?

Mais de três quartos dos pais afirmam que desfrutar momentos preciosos com seus filhos é o que eles mais desejam das férias. Mesmo assim, de cada dez famílias, oito enfrentam um período estressante nas férias anuais, tendo como principal problema as crianças entediadas. As pesquisas mostram que a ação e a aventura são o que as crianças realmente querem, e que até os adultos desejam mais das férias do que passar duas semanas numa cadeira debaixo do sol.

Atividades interessantes, comida boa e hospedagem confortável não requerem tomar um avião. De fato, a maioria de nós pode encontrar destinos perfeitos para as férias muito mais perto de casa. E, apesar da excitação que pode provocar uma viagem aérea, viajar para longe de ônibus ou de carro pode compensar muito mais que voar.

Aqui vão algumas dicas mais ecológicas para passar férias incríveis deixando o aeroporto de lado.

41 FIQUE PERTO DE CASA

É difícil pensar numa forma menos relaxante de começar as férias do que passar horas em um aeroporto e depois ficar espremido em um vôo longo, de maneira que evito isso sempre que possível.

Felizmente, o Reino Unido tem tudo de que preciso para a grande maioria das minhas férias, desde o litoral marítimo mais fantástico do mundo até montanhas e colinas com uma altura adequada para escalar sem precisar de acessórios. Imagine quem mora num país tropical com praias e montanhas...

O Reino Unido também está cheio de história e tem mais sítios classificados como Patrimônio Mundial da Humanidade do que os Estados Unidos.

As férias perfeitas variam de acordo com as pessoas, mas você pode se surpreender com o que vai desfrutar.

Cada lugar tem suas próprias atrações, sua linda geografia, sua própria história e uma infinidade de destinos incríveis para as férias, portanto não os menospreze!

A maior parte da privilegiada população do Brasil vive perto de um dos mais fantásticos litorais do planeta. Poucas centenas de quilômetros para o interior há um pouco de tudo: história e pré-história, como na região das Missões do Rio Grande do Sul, nas cidades históricas de Minas Gerais e nas grutas com pinturas rupestres da Bahia e do Piauí; montanhas, rios, trilhas e muitas cachoeiras; uma incrível variedade de biomas, da Amazônia ao Pampa, do Pantanal à Caatinga e da Mata Atlântica ao Cerrado.

42 ROMANTISMO NO TREM

Quem já circulou pela Europa de trem sabe que isso, sim, é uma viagem de verdade. Ao observar como a paisagem muda à medida que você passa de um país para outro, entra nos túneis e atravessa as pontes zunindo, você realmente sente o mundo ao seu redor e se dá conta da distância que percorreu quando chega ao seu destino.

Com razão, algumas das viagens românticas mais famosas são feitas sobre trilhos, e os trens de renome são bem mais numerosos que os aviões famosos. Mas você não precisa viajar no Expresso Oriente ou na Ferrovia Transiberiana para desfrutar o romantismo de tirar férias de trem.

Os trens de longa distância de tipo mais luxuoso dispõem de vagões-leito e restaurantes e viajam para quase todos os lugares. Um bom agente de viagens pode fazer reservas tanto nos trens como nos hotéis e ajudá-lo a passar férias que vão permitir-lhe ver o mundo real. Sim, é verdade, leva mais tempo para chegar, mas no trem suas férias vão começar assim que você partir.

43 VIAJANDO DE NAVIO

A viagem marítima tampouco carece de romantismo. Infelizmente, os navios de cruzeiro podem produzir tanto carbono quanto os aviões em termos de passageiro por quilômetro (embora, tendo em vista que você também vive a bordo, o custo do carbono inclui as emissões com acomodação e comida, que seria preciso acrescentar às do avião, para obter o total para férias de avião).

Nos países europeus, para os trajetos mais curtos, as viagens de balsa economizam carbono em comparação com o avião. A pegada de carbono varia de acordo com o tipo de navio que se toma. Um ferry-boat super-rápido ou um catamarã pode emitir tanto carbono quanto um avião, mas as viagens de ferry em geral são melhores, e nelas a pegada de carbono varia de 50 a 200 gramas por passageiro por quilômetro.

44 FÉRIAS DE CARRO

Tirar férias de automóvel pode ser adequado, se o trem não for uma boa opção para você. Quatro passageiros com bagagem em um carro médio vão emitir cerca do mesmo volume de dióxido de carbono por pessoa que numa viagem de trem, portanto essa é uma opção muito boa para as férias em família.

Viajar de carro lhe dá mais opções quando você chega ao destino. Embora eu não recomende ir de carro para uma cidade grande, as viagens que incluem acampamento e as férias de turismo de aventura podem ser mais bem desfrutadas se você tiver o seu próprio meio de transporte para explorar os lugares.

Na Europa, um bom jeito de usar o seu próprio veículo, mas sem precisar dirigir, é recorrer aos vários serviços Motorail. Eles permitem colocar o carro no trem, de forma que você pode relaxar e dirigir só no final da viagem.

No caso de uma família de quatro pessoas, o carro bate o avião na emissão de carbono em qualquer situação. No entanto, se você

estiver fazendo uma viagem longa sozinho e tiver um carro com motor grande, as emissões podem chegar perto das de um avião. Os vôos de curta distância emitem muito mais carbono por quilômetro, graças ao alto volume de energia necessário para a decolagem e a aterrissagem. Portanto, em linhas gerais, para as viagens a sós, opte pelo carro para qualquer percurso de até 1.000 quilômetros; a partir disso, pense no avião.

VIAJE MELHOR QUANDO VOAR

Tudo o que se refere às viagens aéreas e à mudança climática é alvo de muito debate e pode causar confusão. Atualmente, os vôos respondem por apenas alguns poucos percentuais das emissões do Reino Unido. No entanto, dentro de algumas décadas as viagens aéreas poderão produzir mais CO_2 que toda a meta do meu país, se a expansão planejada dos vôos seguir adiante. A maneira mais fácil de verificar o impacto dos vôos nas suas emissões pessoais é com a calculadora de carbono de algum site. Acrescentar um só vôo de longa distância ao cômputo pode dobrar o seu total de carbono.

Meu jeito favorito de enfrentar a mudança climática é pensar que todos tenhamos uma cota de carbono dentro da qual devamos nos virar para viver. Nesse sistema, o que importa é o volume total de CO_2 que produzimos, e não de onde ele vem. Assim sendo, se quisermos economizar nossa cota para uma viagem longa a algum lugar exótico, é possível fazê-lo, mas teríamos de economizar em outras áreas para conseguir isso.

A solução não é simplesmente nunca mais voar, mas eliminar o carbono do nosso estilo de vida, e pensar cuidadosamente antes de voar, reduzindo o número de vôos que tomamos para o mínimo necessário, a fim de manter em níveis baixos as emissões de carbono que provocamos.

Aqui vão algumas dicas para ajudá-lo a conseguir mais com suas milhas aéreas, viajando com menos freqüência e permanecendo no destino por mais tempo (em vez de fazer muitas férias pequenas), beneficiando de verdade os lugares que visitamos, trabalhando em prol do meio ambiente durante a nossa estadia e apoiando empreendimentos ecológicos e projetos comunitários. Essas ações nos darão uma consciência muito mais limpa do que se decolarmos a cada cinco minutos para depois compensar as emissões dos vôos.

45 COMPENSAR OU NÃO?

A compensação da pegada (emissão) de carbono é uma daquelas coisas que na época em que surgiram pareciam ser boas, mas que se revelaram quase impossíveis de implementar efetivamente.

Existem três grandes problemas com o conceito de voar agora e então pagar a outra pessoa para que ela compense nossas emissões mais tarde:

1. A economia pode não acontecer ou levar tempo demais

Quando você está num avião, as emissões são lançadas diretamente na atmosfera, enquanto os projetos de compensação que plantam árvores levam em conta o carbono que as árvores vão captar ao longo de toda a sua vida (talvez cem anos). O problema é que não existe garantia de que todas as árvores plantadas vão sobreviver por tanto tempo e, enquanto isso, o carbono que você emitiu fica na atmosfera provocando danos.

Empresas de compensação de carbono também começaram a ter problemas com os planos que prevêem economia de emissões por meio do desenvolvimento de projetos nos países pobres. Muitos desses projetos levam anos para começar ou entram em colapso antes de ser concluídos, o que significa que a sua compensação pode nem acontecer.

2. A economia poderia ter acontecido de qualquer maneira

Novamente, os métodos que prevêem o plantio de árvores tiveram problemas, desta vez com as empresas de compensação comprando os direitos para as plantações que, de qualquer forma, estavam indo adiante.

Muitas entidades já oferecem, aos países em desenvolvimento, placas para coleta de energia solar ou fogões e lâmpadas que consomem pouca energia, sem que tenham de tomar dinheiro dos viajantes freqüentes. Este é um dos motivos pelos quais os esquemas de compensação da pegada de carbono às vezes lutam para provar que suas próprias economias representam reduções novas, que devem ser consideradas, colocadas na balança e comparadas em relação ao seu vôo.

3. Medir a economia de emissões é quase impossível
Calcular o volume de carbono absorvido pelas árvores, ou que se evita com as placas de energia solar, é realmente difícil. Os ecossistemas e a economia são muito complexos, e existe sempre uma gama ampla de resultados trazidos por esses projetos. Mudar o uso da terra pode, por exemplo, significar que o dióxido de carbono seja expelido pelo solo ao mesmo tempo em que é absorvido pelas árvores, ou a disponibilidade de eletricidade barata pode levar as pessoas a também utilizar outros recursos naturais.

Em virtude dessas dificuldades, o esquema do Padrão Ouro, estabelecido por algumas organizações ecológicas na Europa para

certificar compensações, aprovou apenas uns poucos planos, por causa das dificuldades de medir os resultados de cada projeto.

Mas não me entenda mal. É bom fazer uma doação para projetos ambientais, e um momento muito bom para você pôr isso em prática é na hora de reservar um vôo. No entanto, pensar que o dinheiro que está doando vai realmente eliminar o dióxido de carbono emitido pelo seu vôo é um erro e não constitui justificativa para que você tome mais aviões do que precisa.

46 VIAJE POR MAIS TEMPO

Eu sou realmente a favor das viagens, porque elas abrem nossa cabeça, mas não penso que precisamos ver o mundo em um fim de semana e emitir uma dose enorme de dióxido de carbono com isso. Tirar o máximo proveito do carbono que emitimos quando voamos pode ser tão simples quanto viajar com menos freqüência e por mais tempo.

No passado, tirei quase todo tipo de férias, de uma pausa de fim de semana fora da cidade até duas semanas no Mediterrâneo e uma viagem de vários meses. De todas, a que mais recordo foi a mais longa. Enquanto as outras tendem a desaparecer, ainda posso lembrar vivamente as pessoas que encontrei nela, as coisas que vi e os lugares que visitei, e acho que será sempre assim.

É importante que todos tiremos férias de vez em quando – não apenas ao sair da faculdade, mas também em outras fases da vida. Passar um ano viajando pelo mundo, entre um trabalho e outro, traz novas perspectivas que você carrega para o resto da carreira, e alguns merecidos meses de férias depois da aposentadoria podem ser a maneira ideal de se adaptar ao seu novo status.

Uma viagem mais longa, planejada com antecedência, lhe permite fazer o dever de casa, aprender um pouco da língua local e conhecer de verdade os lugares que visita enquanto está no país. Isso é muito melhor que se entregar às excursões de um operador de turismo e aos passeios de um dia que só cobrem alguns poucos pontos básicos.

Se todos nós seguíssemos um estilo diferente de voar – viajando longos percursos muito raramente, mas permanecendo no destino vários meses a cada vez –, aproveitaríamos mais a experiência e, com as economias de emissões que poderíamos fazer em outros setores do nosso modo de vida, poderíamos fazer isso e ainda permanecer dentro dos limites da nossa cota de carbono.

47 COMPRE COISAS DAQUI

Uma forma de melhorar a proporção entre os danos e os benefícios de suas férias é garantir que a economia do lugar que você está visitando seja incentivada com a sua estadia.

Todos nós queremos levar para casa suvenires que nos lembrem as férias deliciosas que passamos, mas em muitos lugares as opções mais óbvias não são produzidas localmente, mas sim camisetas e modelos plásticos dos pontos turísticos, geralmente fabricados na China. Comprar esses produtos traz poucos benefícios para a economia local (a não ser que, suponho, você esteja de fato visitando a China!).

Fazendo sua lição de casa, você vai descobrir quais são os produtos mais famosos fabricados na região, portanto procure saber onde eles são fabricados para assegurar que os lucros revertam para a economia local, ao invés de serem levados embora pelas companhias estrangeiras.

Seja adquirindo mel, vinho, lavanda, produtos de couro, de cerâmica ou bambu, ervas aromáticas, livros, sapatos ou equipamento de pesca, você vai ajudar a economia local e levar um suvenir que é uma lembrança autêntica do seu destino de férias.

48 SERVIÇOS LOCAIS

Também é importante que os serviços que você usa quando está em férias tragam benefícios para o lugar que está visitando. Desde a hospedagem em um hotel até comer fora e visitar um museu, tudo isso cria e mantém empregos para as pessoas do lugar e, no fundo, é a principal razão pela qual as cidades e os países divulgam a si próprios como destinos turísticos e tentam atrair os visitantes.

Infelizmente, demasiados pacotes de férias são administrados por grandes operadores turísticos que oferecem apenas empregos mal pagos e sem qualificação profissional nos grandes resorts e depois levam embora a maior parte dos lucros obtidos no país.

Um turismo mais ético implica ficar em hotéis e pousadas de propriedade de pessoas do lugar e administrados por elas, nos quais os funcionários são mais bem pagos, têm condições de trabalho decentes e onde todos os lucros permanecem no local.

As empresas desse tipo podem variar de uma pequena pousada na Europa até a possibilidade de se hospedar em casas de famílias em povoados dos países tropicais. Na Europa, nos Estados Unidos e em outros países ricos, os hotéis e pousadas pequenos podem ser facilmente encontrados com a ajuda das agências de viagem ou pela internet. No entanto, nos países em desenvolvimento, esses empreendimentos talvez não possam bancar um anúncio publicitário ou a construção de um site na internet. Felizmente, nosso anseio por turismo mais responsável está levando ao surgimento de agências que ajudam a encontrar hospedagem que realmente traga benefícios para os locais. Você vai encontrar alguns desses sites na seção informativa no final deste livro.

E não se esqueça de utilizar outros serviços locais enquanto está em férias – para mim, uma das melhores maneiras de realmente conhecer um lugar é usar o ônibus local!

49 FAÇA O BEM NAS FÉRIAS

Se você quiser viajar com a consciência mais limpa, tem habilidades úteis ou quer aprender uma nova, fazer trabalho voluntário no exterior é uma bela maneira de conhecer um novo país e pagar (pelo menos em parte) as emissões de carbono produzidas para chegar lá.

Organizações de voluntariado como o Serviço Voluntário Internacional (International Voluntary Service) se especializam em inserir pessoas em uma vasta gama de projetos em todo o mundo. Consulte os links no final deste livro para conhecer as diferentes maneiras de exercer um trabalho voluntário.

Para uma vaga com um período de tempo mais prolongado, o Serviço de Voluntários no Exterior do Reino Unido (Voluntary Service Overseas) emprega profissionais qualificados, que passam até dois anos utilizando suas habilidades profissionais e ensinando-as nos países que necessitam delas.

Naturalmente, você não precisa viajar até o outro lado do mundo para se engajar na conservação da natureza e tirar férias ecologicamente ativas. No Reino Unido existem centenas de oportunidades para desenvolver trabalhos ecológicos nas férias. Também existem opções no Brasil, encontráveis na internet.

50 HOTEL ECOLÓGICO

Se, por um lado, não há razão para viajar para o outro lado do mundo só para se hospedar em um hotel com baixa produção de carbono, encontrar um hotel que respeite o meio ambiente no lugar que você está visitando é algo que toda pessoa envolvida com a ecologia quer fazer.

Há várias maneiras de sair em busca de estabelecimentos que respeitam o meio ambiente. Organizações como a Conservação Internacional (Conservation International) e agências de viagem online como a Responsible Travel são especializadas em encontrar hotéis, pousadas e apartamentos que diminuem o impacto na atmosfera por meio de projetos de conservação de energia, do uso eficiente da água, da redução do lixo e da culinária com produtos orgânicos cultivados localmente.

É interessante notar que, muitas vezes, os hotéis ecológicos ficam em ilhas onde o custo do transporte marítimo dos suprimentos leva a incorporar, na prática, o conceito de que é um bom negócio economizar energia, usar racionalmente a água, reduzir o lixo e a poluição e ter mais auto-suficiência.

MAIS INFORMAÇÕES

DE VOLTA À FELICIDADE

O GuiaMais e o MapLink calculam rotas em dezenas de cidades não só para quem está de carro, mas também a pé e combinando caminhada e metrô.
www.guiamais.com.br/ruas
www.maplink.uol.com.br

O Sesc (Serviço Social do Comércio) tem clubes de caminhada em várias de suas unidades; alguns são direcionados à terceira idade e muitos estão abertos também a quem não é comerciário. Procure na internet o Sesc de seu estado para mais informações.
www.sesc.com.br

O Trilhas e Aventuras tem roteiros de viagem para dezenas de cidades brasileiras, com informações sobre trilhas para caminhada e trekking, trilhas para bicicleta, praias, cachoeiras e outras atrações.
www.trilhaseaventuras.com.br

A Associação Viva o Centro, de São Paulo, tem roteiros a pé com mapas e informações dos pontos turísticos em seu site.
www.vivaocentro.org.br/bancodados/roteiro_turistico

Em Porto Alegre, acontecem roteiros guiados a pé com especialistas em história, arte ou arquitetura. Consulte a programação no site.
www.portoalegre.rs.gov.br/vivaocentro

Outras cidades e capitais também têm programas de roteiros a pé pelo centro ou por pontos turísticos. Consulte o site da Prefeitura ou da Secretaria de Turismo do município.

A LIBERDADE SOBRE DUAS RODAS

O site Mochileiros.com tem fóruns dedicados a viagens de bicicleta, a viagens de moto e a viagens de carona.
www.mochileiros.com

O site Bicicletada.org reúne informações sobre os passeios de bicicleta em várias cidades. Nas bicicletadas, que costumam acontecer todas as últimas sextas-feiras do mês à tarde, um grupo grande de ciclistas se encontra e faz um percurso pela cidade.
www.bicicletada.org

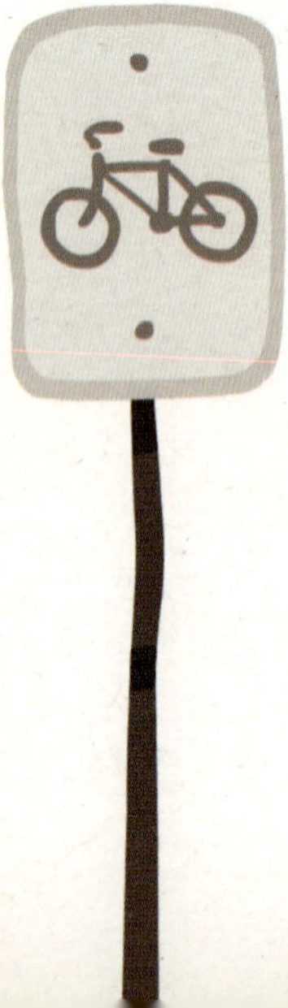

A Secretaria de Meio Ambiente do Rio de Janeiro, cidade que tem 140 km de ciclovias, tem informações sobre as ciclovias e mapa em seu site.
www.rio.rj.gov.br/smac

DIMINUA O USO DO CARRO

O site RideAmigos permite anunciar e procurar caronas ou compartilhamento de táxis em São Paulo, Belo Horizonte, Rio de Janeiro, Brasília e Curitiba. Você pode colocar o local de origem e destino e o horário, procurar nas caronas listadas alguma que interesse e verificar quem postou. Se não houver nenhuma, você pode fazer um novo anúncio e oferecer carona no seu carro ou de táxi.
www.rideamigos.com

O site Caronas.com tem um mecanismo de busca para achar caronas entre cidades. Bom para quem costuma viajar da capital ao interior ou vice-versa nos finais de semana.
www.caronas.com.br/index.php

Várias universidades têm sites para organizar caronas entre professores, alunos e funcionários. A Unicamp tem o www.caronasunicamp.com e a Anhembi Morumbi tem o mural de caronas www.anhembi.br/universidadeverde.

CURTA O ÔNIBUS

Algumas prefeituras e empresas de ônibus municipais têm em seus sites os horários e rotas dos ônibus metropolitanos. Em São Paulo, consulte o site da SPTrans (www.sptrans.com.br), para ônibus na cidade de São Paulo, e o da EMTU (www.emtu.sp.gov.br), para ônibus na região metropolitana. No Rio de Janeiro, os itinerários estão no site da Rio Ônibus (www.rioonibus.com). Em Curitiba, consulte o site da prefeitura para horários e itinerários (www.urbs.curitiba.pr.gov.br).

Para viajar de ônibus entre cidades, consulte o site da Agência Nacional de Transportes Terrestres (ANTT), que lista todas as empresas que fazem viagens entre duas cidades, a freqüência e os horários dos ônibus e o preço máximo da passagem.
www.antt.gov.br

Se viajar a Londres, não entre direto no metrô. Busque outras opções, como os barcos no rio e os milhares de ônibus, usando o guia de transportes de Londres (London Transport Guide). Esse livro (em inglês) pode até ajudar você a achar um trajeto para ser feito de bicicleta ou a pé.
www.tfl.gov.uk

CARROS MAIS ECOLÓGICOS

A agência EcoInforme, "filhote" da agência AutoInforme, que calcula a "inflação do carro", traz notícias sobre poluição relacionada com carros, inspeção veicular e consumo de combustível, entre outras.
www.ecoinforme.com.br

O site Florestas do Futuro, da Fundação S.O.S. Mata Atlântica, tem uma calculadora de emissão de dióxido de carbono na atmosfera com o uso de carro, ônibus e avião.
www.florestasdofuturo.org.br

A revista do site WebMotors tem a seção Sentido Verde, com dicas para consumir menos combustível e notícias sobre inovações verdes para carros e motos.
www.webmotors.com.br/wmpublicador/revista.vxlpub

Muitos modelos de carros fabricados no Brasil são flex, ou seja, podem rodar com gasolina ou álcool (o álcool, por ser produzido de maneira renovável, emite menos dióxido de carbono – a cana-de-açúcar, ao crescer, retira CO_2 do ar). Além disso, os carros a álcool ou flex pagam menos IPVA (Imposto sobre a Propriedade de Veículos Automotores) em alguns estados. Consulte os sites das montadoras para saber se o carro que você pretende comprar é flex.

O TRAJETO PARA A ESCOLA

A ONG Criança Segura tem dicas de segurança para quem pensa em mandar os filhos à escola em perua escolar e também para as crianças pedalarem até a escola de forma segura.
www.criancasegura.org.br

As bicicletas são um meio de transporte importante para as crianças chegarem à escola no Brasil, especialmente na zona rural. O Fundo Social de Solidariedade e Desenvolvimento Social e Cultural de São Paulo tem o projeto Pedalando e Aprendendo, que arrecada bicicletas para doar a alunos pobres de escolas públicas de pequenos municípios.
www.fundosocial.sp.gov.br

Em inglês
O site Safe Routes to School traz recomendações para quem vai para a escola a pé ou de bicicleta, e também explica como começar um ônibus pedestre.
www.saferoutestoschools.org.uk

Bikeability é o novo prêmio ciclístico para as crianças no Reino Unido, com recomendações online e atividades para crianças e pais.
www.bikeability.org.uk

O TRAJETO PARA O TRABALHO

O projeto MelhorAr, de São Paulo, está cadastrando empresas para que seus funcionários possam se inscrever e organizar caronas.
www.projetomelhorar.com.br

Em inglês
O Energy Saving Trust é um órgão britânico de capital misto que desenvolve e promove programas e ações ambientais.
Na seção "Transporte nos negócios", o site oferece informações e dicas para que companhias possam reduzir custos e gerenciar melhor suas frotas de veículos do ponto de vista ambiental.
O site possui uma série de tutoriais, e usuários podem receber gratuitamente boletins periódicos a respeito do assunto.
www.energysavingtrust.org.uk/fleet

VIAGENS DE LONGA DISTÂNCIA

Além de listar todas as empresas de transporte rodoviário que ligam cidades brasileiras, a Agência Nacional de Transportes Terrestres (ANTT) possui um diretório de todas as companhias que realizam viagens internacionais a partir do Brasil. No site é possível consultar informações das empresas e de suas linhas, incluindo freqüência, horários dos ônibus, preços e o tipo de veículo que realiza a viagem.
www.antt.gov.br
https://appweb.antt.gov.br/transp/linha_internacional.asp

A seguir estão listadas companhias que cobrem grande parte do território nacional e possuem serviço de venda de passagens via internet ou pelo telefone. Além disso, grande parte das empresas oferece serviços de fretamento de ônibus, ideal para grupos de pessoas que pretendem realizar viagens longas:

Viação Itapemirim
www.itapemirim.com.br
Empresa Gontijo de Transportes
www.gontijo.com.br
Companhia São Geraldo de Viação
www.saogeraldo.com.br
Viação Cometa
www.viacaocometa.com.br

FÉRIAS MAIS ECOLÓGICAS

O site oficial do Ministério do Turismo do Brasil possui uma gama de informações a respeito dos principais roteiros turísticos dentro do país classificados por tipo de viagem. Os roteiros selecionados incluem ecoturismo, turismo rural, turismo de aventura e turismo cultural, entre outros.
www.turismo.gov.br

A Associação Brasileira das Empresas de Ecoturismo e Turismo de Aventura (Abeta) possui uma listagem de companhias credenciadas em cada estado brasileiro.
www.abeta.com.br

Em inglês

O site voltado ao ecoturismo mantido pela ONG Conservação Internacional (CI) traz informações sobre como praticar ecoturismo de forma responsável e uma lista de sugestões de locais a serem visitados, a maioria na América Latina.
www.ecotour.org

VIAJE MELHOR QUANDO VOAR

Cheatneutral é um site gozador que derruba com humor a tese da compensação das emissões de carbono, criticando-a como uma solução muito ruim para as emissões produzidas pelos aviões. O site é um serviço fictício que possibilita a pessoas infiéis investir em casais que não traem seus parceiros – uma analogia com os poluidores que investem em projetos ecológicos para "desculpar" suas emissões. Em inglês.
www.cheatneutral.com

O sistema de validação do Mecanismo de Desenvolvimento Limpo do Padrão Ouro, sediado na Suíça e apoiado por uma série de organizações ambientalistas, é a única organização do mundo que está aprovando projetos de compensação de carbono que realmente fazem uma economia extra de carbono. Até agora, poucos projetos foram aprovados e colocados em operação, mas nesta página o site traz uma lista de empresas de compensação que estão utilizando seus créditos de carbono cadastrados. Em inglês.
www.cdmgoldstandard.org/background.php

A Coral Cay Conservation é uma organização que promove expedições para voluntários interessados em trabalhar em projetos de conservação e proteção de corais e florestas tropicais. Os projetos são realizados principalmente nas Filipinas, Papua-Nova Guiné e Tobago. Em inglês.
www.coralcay.org

Uma série de entidades, ONGs e agências de viagem promovem e organizam atividades relacionando o turismo com o voluntariado. Nos seguintes sites é possível obter informações e entrar em contato com entidades que organizam viagens em que o turista presta algum tipo de serviço voluntário para comunidades em outros países.
www.portaldovoluntario.org.br
www.ci.com.br/trabalho-voluntario
www.experimento.org.br/data/Pages/LUMISE4C501D2PTBRNN GUEST. htm
www.afs.org.br
www.voluntourism.org (em inglês)

O site Hotelbook possibilita realizar reservas online de hotéis independentes – que não fazem parte de grandes redes internacionais – no mundo todo. Em inglês.
www.hotelbook.com

O site Responsible Travel traz informações a respeito de agências de viagem que promovem ecoturismo e turismo de aventura de forma ambientalmente responsável. As companhias listadas são escolhidas por uma série de critérios que buscam garantir o desenvolvimento sustentável da indústria do turismo pelo mundo. Em inglês.
www.responsibletravel.com

(Todos os sites foram consultados em outubro de 2008.)

Moura, Marcelo Siqueira Soares de 223
Murici, Andrade 43
Nagy, Zóltan 55
Nóbrega, Humberto Melo 89, 232, 234, 236
Nodier, Charles 233
Nogueira, Júlio 235
Ortega y Gasset 219
Palácios, Arsênio 89
Palmério, Mário 169, 171, 172, 173
Pedro II, D. 235
Pena, Martins 4, 31, 32, 33, 34, 35, 38, 39
Pereira, Astrojildo 29, 46
Pessoa, Fernando 54
Petrônio 26
Pillement, Georges 91
Pirandello 134, 196
Platão 58, 141
Plotino 139, 141
Pontes, Elói 44
Poppa, Enzio di 97, 98
Poty 168
Prado, Décio de Almeida 35
Propércio 200, 202, 203
Queiroz, Raquel de 168, 176, 188, 190
Quental, Antero de 99
Ramos, graciliano 4, 26 105, 106, 108, 11, 112, 177
Rangel, Godofredo 172, 227
Rebelo, Marques 28
Rego, José Lins do 189
Renan 219
Rimbaud 232
Rodrigues, Augusto 128
Romero, Sílvio 26, 34, 37
Rosa, J. Guimarães 4, 16, 130, 132, 133, 135, 137
Rosa, Santa 128
Rosenblatt, Maurício 221
Ruskin 139
Ruysbroeck 139
Sales, Artur de 214
Saroyan 219
Shakespeare 196, 214
Silva, Mário Júlio 89
Sinclair, Upton 219
Szenes, Árpád 128
Tibérios 204
Twain, Mark 226
Valéry, Paul 149
Veiga, Luis Francisco da 33
Verissimo, Erico 116, 117, 119, 120
Verlaine 67
Vigny, Alfred de 52
Virgílio 200, 202, 203
Wassermann 219
Wilder, Thornton 134
Woolf, Virgínia 214